U0353447

循环理念下矿区的开采与生态修复研究

杨洪飞　著

北京工业大学出版社

图书在版编目（CIP）数据

循环理念下矿区的开采与生态修复研究 / 杨洪飞著
. — 北京 ：北京工业大学出版社，2021.10 重印
ISBN 978-7-5639-7062-9

Ⅰ. ①循… Ⅱ. ①杨… Ⅲ. ①矿区—煤矿开采—生态恢复—研究—中国 Ⅳ. ① X322.2

中国版本图书馆 CIP 数据核字（2019）第 236232 号

循环理念下矿区的开采与生态修复研究

著　　者：杨洪飞
责任编辑：郭志霄
封面设计：点墨轩阁
出版发行：北京工业大学出版社
（北京市朝阳区平乐园 100 号　邮编：100124）
010-67391722（传真）　bgdcbs@sina.com
经销单位：全国各地新华书店
承印单位：三河市元兴印务有限公司
开　　本：710 毫米 ×1000 毫米　1/16
印　　张：11
字　　数：220 千字
版　　次：2021 年 10 月第 1 版
印　　次：2021 年 10 月第 2 次印刷
标准书号：ISBN 978-7-5639-7062-9
定　　价：45.00 元

版权所有　翻印必究

（如发现印装质量问题，请寄本社发行部调换 010-67391106）

前 言

循环经济系统作为一个复杂系统，不论是它的主体（企业、社会公众和政府）还是它的客体（社会环境、产业环境和自然环境），它们之间都是相互作用和相互联系的关系，它们共同组成了不断发展的一个系统。其子系统之间，子系统和总系统之间不断进行物质交换，从而形成了一个复杂的系统。

在经济快速发展的同时，经济增长和自然资源及自然环境之间的矛盾也在不断升级，因此发展循环经济更为迫切。本书旨在分析矿区循环经济发展路径，总结矿区循环经济发展模式，为大家提供参考。

本书第一章为矿区的开采与环境，主要阐述了我国的矿产资源概况、矿产资源的开采及采矿活动对环境造成的影响等内容；第二章为矿区环境质量评价，主要阐述了环境质量评价概述、环境质量现状评价及环境影响评价等内容；第三章为矿区循环经济的理论基础，主要阐述了循环经济的理论基础、循环经济的原则与模式、矿区循环经济的发展现状及国外矿区循环经济的经验借鉴等内容；第四章为矿区发展循环经济的建设，主要阐述了矿区的可持续发展与循环经济、矿区发展循环经济的技术支持及矿区循环经济的建设等内容；第五章为矿区的土地复垦与固体废弃物利用，主要阐述了矿区的土地复垦及矿区的固体废弃物利用等内容；第六章为矿区的生态修复，主要阐述了采空区生态修复、尾矿库生态修复、排土场生态修复及废弃采石场生态修复等内容；第七章为我国矿区的发展趋势研究，主要阐述了资源与环境的可持续发展、绿色矿山的建设及废弃矿区再生等内容。

为使研究内容丰富、多元，作者在写作过程中参考了许多相关理论与研究文献，在此向涉及的专家学者表示衷心的感谢。最后，由于作者水平有限，加之时间仓促，本书难免会存在一些疏漏之处，在此，恳请同行专家和读者朋友批评指正！

目　录

第一章　矿区的开采与环境

资源是人类生存与发展的物质基础，矿产资源的开发程度直接影响着人类社会经济的发展，而矿产资源开采必定会造成不同程度的环境破坏和损害，矿产资源的不合理开发对环境造成的影响是不可挽回的，重视矿产资源开发过程中的环境保护，现已成为当前中国在经济建设过程中刻不容缓的问题。本章主要分为我国的矿产资源概况、矿产资源的开采及采矿活动对环境造成的影响三部分。

第一节　我国的矿产资源概况

一、我国矿产资源

我国具有丰富的矿产资源，并且是最早对矿产资源进行开发利用的国家之一。新中国成立后，我国矿业获得了前所未有的大发展。目前，在我国工业生产方面，矿产资源不仅提供了 80% 以上的工业原料，更是提供了 92% 以上的一次性能源。在全国农业生产方面，矿产资源所提供的农业生产资料高达 70%，提供的农业用水占农业用水总量的 30% 以上。另外，还有 30% 以上的城乡居民用水也与矿产资源有关。

20 世纪 50 年代至 60 年代，我国矿产资源信息研究的特点是按工业部门及矿业部门分矿种累计各矿种自然资源信息量（地质部门少有些综合性）。计划经济时期，冶金部、有色金属公司、煤炭部、石油部、化工部为发展本部门经济的需要，组织了专业队进行矿产资源勘探与开发。因此，单矿种矿产资源信息流通量较大，但横向流通量受到部门经济利益约束几乎处于半封闭状态。

我国除了矿藏量丰富之外，我国的矿种也属世界前列，新中国成立以来，全国已发现的矿产达 171 种，更是有 20 多万处的矿床和矿点，21 276 处矿区已探明储量，经过预测不少矿种的探明储量均属世界前列，其中居世界前三位的矿种就有 20 多种。依据相关资料可以得知，自改革开放以来，我国矿业在国民经济中的基础地位是不可动摇的，已成为我国在社会经济发展方面的重要支撑力量。

（一）能源矿产资源

1. 传统能源矿产资源

在中国矿产资源的总构成中，能源矿产占据着一个十分重要的位置。目前，我国已建成的能源矿山、油田，多达 10 613 处。这里就具有代表性的传统能源矿产资源，即煤、石油、天然气的具体情况做简要分析。

（1）煤矿

我国的煤炭资源分布总体来说是极不平衡的，主要表现在煤矿的分布情况之上，即北多南少，西多东少。我国的山西、内蒙古、陕西及新疆等省（区）蕴藏的煤矿资源是比较丰富的。我国的重点煤矿，在山西省主要有大同、王坪、小峪等矿区；在内蒙古自治区主要有平庄、乌达、海勃湾等矿区；在陕西省主要有铜川、浦白、澄合等矿区。

（2）石油、天然气

石油是指气态、液态及固态的烃类混合物，同时石油还具有天然的产状。石油还可分为原油、天然气及天然气液等。但是，出于习惯考虑，人们仍将石油作为原油的定义进行使用。天然气则是指存在于自然界当中的一切气体。我国可利用的油气资源分布于 24 个省、市、自治区和海域之中，并且有 145 个盆地，都进行过资源量估算，准噶尔、塔里木、柴达木、酒泉等盆地是我国最主要的含油气盆地。这些富含油气资源的盆地进行过投产开发的气田主要有 109 个，进行过投产开发的油矿主要有 365 个，并且形成了 38 个油气矿产地。除此之外，我国关于石油、天然气生产的骨干企业主要有新疆石油管理局、吐哈石油勘探开发指挥部及青海石油管理局等。

2. 非传统能源矿产资源

（1）核能

核能是指原子核内释放的巨大能量，也可以称为原子能或原子核能。1 g 铀原子核裂变时所放出的能量，相当于燃烧 2.5 t 煤得到的热能。核能可以分为两类，一类是核外电子变化，即煤燃烧时氧原子和碳原子进行融合，从而生成二氧化碳分子的化学变化，可以称为化学能；另一类是核内变化，即铀放热时铀原子核释放出大量的核能，并且分裂成两个较小的原子核。核能的特点如下。

①核能的能量非常巨大且集中，地区适应性强、运输方便。

②核能资源储量十分丰富，广泛分布在世界的陆地和海洋中。

③各个国家的核能发电技术日益成熟，使核电站得到了迅速发展。

（2）氢能

氢能正是一种新的含能体能源。氢能有可能在未来世界能源舞台上成为一种举足轻重的能源。氢的原子序数为 1，该元素位于元素周期表之首，在超低温高压下呈液态，具有质量轻、导热性好、发热量较高、燃烧性能好、形态较多等特点。在人类生存的地球上，虽然氢是最为丰富的元素，但游离态的氢存在极少，人们只能利用其他能源来制取，不能直接从地下开采，因此氢是一种二次能源。在自然界中，最为丰富的含氢物质是水，其次是天然气、石油、煤等矿物燃料，还有各种生物质等。

（3）生物质能

生物质是指由光合作用而产生的各种有机体。生物质的光合作用，即生物利用土壤中的水、空气中的二氧化碳，将不断吸收的太阳能逐渐转换为氧气和碳水化合物的过程。农作物、树木、陆地和水中的野生动植物体及某些有机肥料，都属于生物质。生物质能是太阳能以化学能形式储存在生物中的一种能量形式，是一种以生物质为载体的能量，它直接或间接来源于植物的光合作用。在各种可再生能源中，生物质是一种独特的存在，它不仅可以转化成气体、液体、固体燃料，还是唯一的可再生碳源。生物质遍布世界各地，其蕴藏量极大，据估计，地球上每年植物光合作用所产生的能源，是世界每年耗能量的 10 倍。从生物质能源当量来看，它是人类赖以生存的重要能源，并与天然气、石油和煤并称为四大能源。

（4）地热能

地热能就是指由地壳抽取的天然热能。地热能主要来自地球内部的熔岩，地热的主要存在形式是热力，并且这种能量能够引起火山爆发和地震。我国已勘查的地热点共计 738 处，我国共对 434 处地热田进行了综合开发利用和部分利用。我国地热田最主要的有北京市昌平小汤山、西藏自治区噶尔朗久及河北省怀来后郝窑村等。我国的地热能资源主要分布在以下两种地形之中。

第一，构造活动带。这一地形中资源量是比较集中的，主要有藏、滇、川及辽东—胶东一带等。

第二，大型沉积盆地。这一地形中资源量是比较分散的，主要有华北盆地京津唐地区等。

（二）金属矿产资源

我国金属矿产资源具有品种齐全、储量丰富及分布广泛的特点。当前，我国已探明储量的矿产有 54 种。以下就对主要金属矿产分布进行简介。

第一，铁矿。在我国，已探明的铁矿区总计有 1834 处。其中，大型和超大型铁矿区主要有：冀东—北京铁矿区、山西灵丘平型关铁矿等。

第二，锰矿。世界锰矿资源比较丰富，锰元素在地壳的丰度达到 0.1%，在所有元素中排名第 12 位，在重金属中，锰的丰度仅次于铁而居第二位。在我国，已探明的锰矿区总计有 213 处。我国锰矿产地主要有辽宁瓦房子锰矿、广东小带和新榕锰矿等。

第三，铬铁矿。在我国，总计共有 56 处铬铁矿产地。我国铬铁矿产地主要有西藏罗布莎、甘肃大道尔吉等。

第四，铜矿。在我国，已探明的铜矿区总计有 910 处。我国主要铜矿区有黑龙江多宝山、辽宁红透山等。

第五，铝土矿。在我国，总计有 310 处铝土矿产地。我国主要铝土矿区有山西省的太湖石、宽草坪等。

第六，铅锌矿。在我国，总计有铅锌矿产地 700 多处。我国主要铅锌矿区有黑龙江西林、河北蔡家营子等。

第七，镍矿。已知含镍矿物约有 50 余种，其中以镍黄铁矿为代表的镍的硫化矿物和镍褐铁矿及硅镁镍矿为代表的镍的氧化矿物是人类提取镍资源最重要的矿物原料。我国共有镍矿产地近百处。我国主要镍矿区有吉林红旗岭、四川冷水菁等。

第八，钼矿。我国总计有钼矿产地 222 处。我国主要镍矿区有吉林大黑山、陕西金堆城等。

第九，锡矿。在我国，已探明的锡矿产地共计 293 处。我国主要镍矿区有云南东川，湖南香花岭等。锡的性质特点决定了锡的用途非常广泛，人类使用锡的历史悠久，锡在合金、电子、防腐、化工、轻工、新技术等领域均得到了广泛应用。

（三）非金属矿产资源

我国非金属矿产具有品种多，资源丰富，分布广泛的特点。当前，我国已探明储量的非金属矿产主要有 88 种。以下就对其中主要非金属矿产资源进行简介。

第一，硫矿。在我国，已探明的硫矿矿区有760多处。我国主要硫矿区有内蒙古自治区东升庙、山西省阳泉等。

第二，磷矿。在我国，已探明的磷矿矿区有412处。我国主要硫矿区有湖北荆襄、河北省矾山等。

第三，钾盐。在我国，已探明的钾盐矿区主要分布在青海省与云南省，前者主要有察尔汗、大浪滩等盐湖，后者主要有江城勐野井钾盐矿。

第四，重晶石。在我国，已探明的重晶石矿区共计103处。我国主要重晶石矿区有湖南贡溪、陕西水坪等。

第五，石墨。在我国，已探明的石墨矿区共计91处。我国主要石墨矿区有吉林磐石、湖南鲁塘等。

第六，石膏。在我国，已探明的石膏矿共计169处。我国主要石膏矿区有山东大汶口、山西太原等。

第七，石棉。在我国，已探明的石棉矿共计45处。我国主要石棉矿区有青海芒崖、新疆维吾尔自治区若羌等。

二、我国矿产资源在世界中的地位

我国各类矿产保有储量潜在价值约占世界矿产储量潜在价值总值的12%。尽管我国人均资源量较少，但就总量看，我国矿产资源在全球矿产中仍占有举足轻重的地位。

我国不仅是疆域辽阔、资源总量丰富的国家，而且也是单位国土面积资源丰度较高的国家。据有关方面资料分析，我国每平方千米陆地国土面积内各类矿产保有探明储量潜在价值为172.51万美元，为全球每平方千米陆地面积内所拥有的矿产储量潜在价值（92.122万美元）的1.87倍。

全球各地的成矿条件是不尽相同的，主要表现在世界范围内的各个地区、各个国家境内所形成的矿产种类，每一类矿产资源具有的资源丰度及单个矿床所具有的规模质量都是不同的，任何一个国家在蕴藏的矿产资源方面，都存在着优势和劣势。这一现状的产生原因，一是地壳运动具有的不均衡性；二是地壳运动具有多期性和复杂性。中国矿产资源在全球矿产资源构成中，其优势表现在中国部分矿产在世界上占有优势，如煤、锰、钨、钼、钒、锑、锡、稀土、钛铁矿、铋、锂、铌、钽、汞、银、黄石、菱镁矿、硫矿、磷矿、滑石、石墨、重晶石、膨润土、硅灰石、硅藻土、石棉等20余种矿产储量居世界前3位。

第二节　矿产资源的开采

一、矿床开采概述

非煤固体矿床简称为非煤矿床。非煤矿床主要可分为金属矿床和非金属矿床。非煤矿床开采和煤矿床开采，二者均可分为露天开采和地下开采。

（一）矿床开采——基本概念

1. 矿石

矿石是指在目前的技术经济条件下，人们通过工业设备，来从中提取出金属或非金属的一种矿物集合体。能够从中提取金属的矿石，被称为金属矿石；能够从矿石中提取出非金属元素、矿物的矿石，被称为非金属矿石。

2. 矿体

矿体是指一种天然集合体，并且这种天然集合体具有一定形状和产状。矿体的特点：一则，有一定的空间位置；二则，具有几何形状；三则，具有一定数量和质量。此外，在矿体周围不具备开采价值的岩石，称为围岩，人们将存在于矿体上部的岩石称为上盘围岩（顶板），以此类推，将存在于矿体下方的岩石称为下盘围岩（底板），夹在矿体中间的岩石称为夹石。围岩和夹石统称废石。

3. 矿床

矿床是指一定区域内矿体的总称。就矿床蕴含的矿体来说，其种类数量并不固定，可能是一个也可能是多个。若以其有用成分的性质和工业用途为划分依据，矿床可分为金属矿床、非金属矿床及可燃有机岩矿床。后者包括石油、天然气和煤矿床等。决定矿床是否具有开采价值的关键因素在于矿石质量（品位）、数量，矿石的开采条件，此外还要考虑国家对这种矿石的真正需求程度。

按矿床成因类型划分就是人们根据形成矿床的地质作用和成因，来对矿床的类型进行划分，如岩浆矿床及沉积矿床等。

（二）矿床开采——矿石品位

1. 矿石品位

矿石品位是指矿石中具有的有用成分的单位含量。同时，矿石品位一般指矿石中有用成分的质量与矿石质量之比，用百分数表示。对于金，铂等贵重金属，由于矿石中有用成分的含量很少，通常用 g/t 表示；对于原生金刚石，矿石中有用成分的含量更少，其品位常用 mg/m^3 表示；有些非金属矿石，如云母矿石，其品位用 kg/m^3 表示。按品位高低，金属矿石又可以分为富矿和贫矿。

2. 边界品位

与煤矿床不同，煤层与围岩之间的界限很明显，而非煤矿床的矿体与围岩之间一般没有明显的界线。矿体与围岩的界限多是按矿石品位划分的。划分矿体与围岩（矿石与废石）有用组分的最低含量标准，称为边界品位。矿石品位达到或超过边界品位的部分视为矿体，否则就视为围岩。表 1-1 我们为部分矿石的边界品位。从边界品位的概念和表 1-1 我们应该认识到，围岩通常含有一定的有用成分，但有用成分的含量低于一定的标准值，这个标准值就是边界品位。

3. 工业品位

一般来说，矿体中有用成分的分布是不均匀的，即矿石品位分布不均匀。只有当矿体（段）中矿石的平均品位达到或超过工业品位时才有开采价值而计算其储量（表内储量）。否则，只能这些矿石作为表外储量（或重新圈定矿体）。所谓工业品位（通常也称为最低可采平均品位）是指在当前技术经济条件下可以开采利用的矿体（段）的最低平均品位。由此可见，边界品位是划分矿体与围岩的质量标准，而工业品位则是划分表内储量（工业矿体）和表外储量（非工业矿体）的质量依据。部分矿石的工业品位如表 1-1 所示。

表 1-1　部分矿石的边界品位和工业品位

矿石	磁铁矿	黄铜矿	金矿	磷矿	云母矿	金刚石矿
边界品位	20%	0.2% ~ 0.3%	1 ~ 2 g/t	5% ~ 6%	1 kg/m^3	20 mg/m^3
工业品位	25%	0.4% ~ 0.5%	3 ~ 5 g/t	10% ~ 11%	4 kg/m^3	30 mg/m^3

（三）矿床开采——矿石损失与贫化

1. 矿石损失与损失率

由于地质和开采技术等方面的原因，非煤矿床开采也会使一部分工业储量不能采出或采下的矿石不能运出地表，使得采出的工业储量减少。矿石损失是指矿床在开采过程中所产生的矿石数量减少的现象。矿石损失率主要被用来表示矿石损失量的大小。其还表示在开采过程中矿区损失的矿石量与工业储量之间的百分比。

在金属矿山，有时还需要计算金属回收率。金属回收率是指采出矿石中的金属量与工业储量所含金属量之比。

2. 矿石贫化与贫化率

矿石贫化是指采出的矿石品位比工业储量平均品位低的现象。发生矿石贫化现象的原因主要有以下两种。

一是在矿床开采过程中，掺进了废石。在回采的过程中，经常会发生废石混入的现象，此外废石混入还有可能发生在矿体边界控制不好的状况下，或者是覆盖岩石层下放矿等状况。

二是高品位矿石损失，或者是发生了高品位粉矿流失。

人们常用矿石贫化率来表示矿石贫化的程度。矿石贫化率是指矿中采出的矿石品位发生降低的百分率。由于废石混入是造成矿石贫化的主要原因，所以废石混入率也经常用来说明矿石贫化的程度。废石混入率是指混入采出矿石中的废石量占采出矿石量的百分比。

矿石损失与贫化不仅造成矿产资源损失，影响矿山企业的经济效果，使矿井寿命缩短，还会对矿区环境造成严重污染。此外，开采高硫矿床（矿石含硫量在 18% ～ 20%）时，损失的矿石可能自燃，引起矿井火灾。由此可见，减少矿石损失与贫化对充分回收有限的、不能再生的矿产资源，对提高社会效益和矿山的经济效益及矿山安全生产都有十分重要的意义。

矿石损失与贫化是评价非煤矿床开采的两个重要指标。一般说来，矿石损失与贫化是不可避免的，就像煤矿床地下开采必然要损失部分煤炭和采出的煤炭中要混入矸石一样。但是，通过加强地质勘探、采用合理的开拓部署，选择适当的采矿方法和采矿工艺就可以减少矿石损失与贫化。

（四）矿山开采方式

1. 露天开采

露天开采是直接从地表开挖并采出矿产，为了采出有用矿物，必须首先将覆盖在有用矿物之上的大量岩土剥离出来，这是露天开采与地下开采的最大区别。露天开采不但要采出矿石，也要剥离出大量废弃土石。用露天矿石设备进行露天矿山工程作业的场所，称为露天采场。露天采场常被称为露天矿坑、采场、掘场、采矿场、采石场。露天开采方式，主要有下拔法、阶段法、金刚索锯法三种方式。

（1）下拔法

下拔法是在矿体的底部进行挖掘或钻孔装填炸药引爆，将底部的矿产开采运走后，使上部的矿体自然崩落的方法。该方法成本低廉，但是产量不稳定，且极易引发地质灾害，危险程度较高，目前许多国家已经明文禁止采用此法采矿。

（2）阶段法

阶段法是将矿山的开采面划分为若干个区域，首先修建至山顶道路作为运送矿产资源的通道，进而从上至下分片布置开采区的方法。在该方法中，上层区域的矿产资源被开采后，通过修建的道路被运下山。该法相对安全，产量有保证，开采的矿石品质高，可以采用大型的机械设备进行操作，但其缺点是对环境影响较大。

（3）金刚索锯法

金刚索锯法也是采用分区的方式开采，开采顺序从上至下，切割矿体的工具为细钢丝绳。其优点是安全性和工作效率高，是传统开采方式的 6 倍以上，缺点是成本较高。

目前，世界上大型的矿山有一半以上是采用露天开采的方式，我国则在 90% 以上。露天开采会产生大量剥离的岩石，大规模开采会破坏自然环境，降低人居环境质量。因此，推行可持续发展的矿产资源开采方式已经成为世界趋势。

2. 井工开采

在井工开采中，需要从地面向地下开凿一系列的巷道才能将地下矿藏开采出来。巷道类型多种多样，垂直的称为立井或竖井，倾斜的称为斜井，水平的称为平峒。为给采矿工作提供必要的辅助，还需要在地面建设一系列生产和生活设施，主要包括办公楼、绞车房、压风机房、配电所、矿石仓及居住配套设施等。

（1）竖井开采

竖井开采是指由地面垂直向下穿越地层，开挖矿产资源的开采方式。这种方式多用来开采非金属矿产资源，一般要同时开凿一个主井和一个副井。主井用来运送开采出的矿藏，副井用来运送材料、矸石、升降人员、排出矿井水、供电和通风。

（2）斜井开采

斜井开采是指对倾斜矿层进行井工开采的开采方式。通常在地表坑口部分直接开凿者为斜井，而在坑内开凿者为坑内斜井。通常，矿产资源位于地层深部且开采量大时，用斜井开采。

（3）平峒开采

平峒开采是指由地表通过水平开挖巷道的方式开采矿层的开采方式。通常，矿藏资源位于较浅地层且规模较小时采用此方法。其优点是开采的费用较低，不足是开采的矿产资源产量不高。

井工开采方式由于在地下进行，对地表生态环境及视觉景观影响较小，但井工开采会掏空地下矿藏，长期抽排地下水等会导致地面沉降和开裂，使得地面建筑、道路和农田受损，也会对生态和人居环境造成严重破坏。在我国山西煤炭开采区，由于过度开采产生了地表塌陷，大量农田受损，村庄建筑破坏，地下水干涸，生产和生活用水不足的情况。长期废弃的地下矿井由于年久失修而导致结构支撑力不足，存在极大的安全隐患，会严重影响矿区及周边人民的生活及经济发展。除此之外，废弃地下矿井四通八达、潮湿而阴暗，也成为蝙蝠、鸟类、昆虫和爬行动物等生物的栖息场所。

二、矿床赋存特点

（一）矿床赋存——矿床形成

非煤矿床是指由地壳中的化学元素，在经过各种成矿作用，包括迁移、富集而形成的矿床。成矿的作用是指把地壳中存在的有用成分和其他成分相分离，经过集中富集，从而形成矿床的地质作用。地壳中的任何一种化学元素，若均匀分布于地壳中，都不具备开采价值。与煤矿床的形成不同，非煤矿床的成矿物质来源于地壳本身。

若以作用的性质和能量来源不同为划分依据，可以将地质作用划分为内力地质作用、外力地质作用及变质作用。以此为依据，成矿作用可划分为内生成矿作用、外生成矿作用及变质成矿作用。相对应的形成的非煤矿床则分别称为内生矿床、外生矿床及变质矿床。

1. 内生矿床

内生矿床与岩浆的侵入活动有密切关系。成矿物质也来源于岩浆。岩浆中含有丰富的金属成矿物质和挥发成分，在其侵入地壳上部的过程中，所带的有用成分相对富集，冷凝结晶而形成内生矿床。岩浆演化的不同阶段（岩浆阶段、残余岩浆阶段和岩浆期后阶段）会形成不同的内生矿床。

（1）岩浆矿床

岩浆矿床是岩浆冷凝结晶成岩浆岩阶段形成的矿床。它是岩浆活动过程中最先形成的矿床。岩浆的侵入过程中，熔点高的有用组分先于硅酸盐类矿物结晶，金属硫化物则由于压力和温度降低而与盐酸盐类矿物发生液态分离，受重力作用下沉到岩浆底部，富集而形成矿床。

这类矿床主要有铬铁矿、钒钛磁铁矿、含铂族元素的金属矿，还有金刚石、刚玉和磷灰石等非金属矿产。

岩浆矿床的主要特点是：围岩为岩浆岩，矿岩界限不明显，矿体形状比较复杂。

（2）伟晶岩矿床

伟晶岩矿床是残余岩浆阶段形成的矿床，因这一阶段会形成颗粒特别粗大的矿物结晶而得名。岩浆经过结晶阶段后，残余岩浆中的硅酸盐成分减少，挥发性成分相对集中，并富集了许多金属物质，当其进一步冷却时，由于挥发性成分增多，黏度减小，流动性和活泼性增强，凝固温度大为降低，凝固时间延长，从而形成矿物晶体特别粗大的伟晶岩。当伟晶岩中的有用成分满足工业要求时，就成了伟晶岩矿床。

伟晶岩矿床的主要特点：一是，围岩多为变质岩；二是，矿岩一般具有明显的界限，且矿物晶体粗大；三是，裂隙控制着矿体的形状和产状。伟晶岩矿床中主要蕴藏的是非金属矿产，如锂、铍、铌等。

（3）气水—热液矿床

经过上述两个阶段后，剩下的岩浆富含挥发性成分，并具有多种成矿物质，黏度更小，形成流动性和活泼性更强的气水—热液。这种含矿的气水—热液充填于围岩裂隙中，或与化学活泼性强的圈岩发生化学反应，置换出部分围岩并占据其空间，从而形成气水—热液矿床。

气水—热液矿床的主要特点：一是，矿体形状和产状复杂多变；二是，矿石品位一般较高，并且其中蕴含着大量硫化矿物；三是，矿床中伴生有多种矿产。伟晶岩矿床中主要蕴藏的是金属矿产，如铜、铅等。

2. 外生矿床

外生矿床指受外生成矿作用而形成的矿床，其成矿物质来自原岩或原矿床。外生矿床按成因又可分为风化矿床和沉积矿床。风化矿床中主要有锡、金、铂、铁、锰等金属矿产和高岭土、金刚石等非金属矿产。风化矿床为砂矿床，矿石品位高，矿体埋藏浅，适合露天开采。

外生矿床的主要特点：一是，围岩为沉积岩；二是，矿体多呈层状；三是，矿岩界限明显；四是，矿床的规模是比较大的；五是，矿物成分是比较单一的。外生矿床中主要蕴藏的是具有重要的工业价值的金属矿产，如铁、锰、铝等。此外，其中也蕴含着非金属矿产，如岩盐、黏土、石膏等。

3. 变质矿床

变质矿质是受变质成矿作用形成的矿床，其成矿物质来自原岩或原矿床。若原矿床经变质成矿作用后其工业用途并未改变（如沉积铁矿床变为变质铁矿床），称之为受变质矿床。若原岩变质为矿床，或原矿床变质成为另一种工业用途的矿床（如石灰岩变质成为大理岩，铝土矿变质成为刚玉），称之为变质矿床。

变质矿床作为在世界范围内产金量最大的一类矿床，其所具有的主要特点：一是，围岩为变质岩；二是，矿体呈层状或似层状；三是，矿石品位一般不高；四是，产状变化较大；五是，矿石成分简单。变质矿床中主要蕴藏的矿产主要有铁、锰、金等。在矿产资源中，变质矿床有着非常重要的地位，并且它还是铁矿资源的主要来源。

4. 成矿组分在矿石中的赋存形式

呈独立的矿物存在这是许多成矿元素存在的主要形式，如铅在方铅矿、白铅矿中，还有铁在磁铁矿、赤铁矿、褐铁矿中，磷在磷灰石中等。也有几种有用元素共存于同一种矿物中的形式，如彩钼铅矿中有钼和铅，钾钒铀矿中有铀和钒等呈类质同象混入物存在。工艺处理技术上，可有以下三种情况。

①作为附属成分提取，如闪锌矿中的镉，辉钼矿中的铼，铝土矿中的镓，方铅矿中的银、镓等。

②作为主要成分提取，如钴黄铁矿中的钴等。

③作为同等重要的金属提取，如独居石中的稀土、钍、铀，铁矿中的铌、钽等。

呈固溶体分解状态存在，如磁铁矿中的钛铁矿，磁黄铁矿中的镍黄铁矿等，就是由于固溶体不稳定而分解出来形成的。

独立矿物呈包裹物状态存在，如硫化物中的金，磁黄铁矿中的砷铂矿等。

呈被吸附状态存在，如黑色页岩中的一部分铀、钒，黏土中吸附的稀土元素等。

（二）矿床赋存——矿体形状

非煤矿床，特别是内生矿床，由于成矿环境复杂多变，因此除沉积矿床外，矿体形状一般比较复杂，多种多样，常见的有层状、脉状、透镜状、巢状和柱状等。

①层状矿体。其走向和倾向都发育，形状简单，赋存比较稳定，有用成分分布均匀规模较大，常见于沉积矿床和变质—沉积矿床。

②脉状矿体。它是气水—热液中的有用组分充填于岩体裂缝中形成的，其特点是仅一个方向延伸，另外两个方向不发育，赋存不稳定，有用成分分布不均匀。这种矿体常见于有色金属、稀有金属和贵金属矿床。

③透镜状矿体。透镜状矿体是脉状或层状矿体在延伸方向很快尖灭形成的，矿体规模大小不一，形状不规则，常见于（部分）有色金属矿床。

④巢状矿体。其三个方向为均衡发育，直径从数米到数十米，常见于有色金属矿床。

⑤柱状矿体。柱状矿床近于直立，仅一个方向延伸，另外两个方向不发育，断面近似为圆形和椭圆形，直径一般数十米至数百米。这种矿体以含金刚石的金伯利岩筒最为典型。世界上最大的金伯利岩筒——坦桑尼亚的“威廉森”岩筒，断面呈椭圆形，地表面积达 1.46 km，长轴达 1.524 km，短轴为 1.066 km。

矿体形状与矿床开采的关系非常密切，矿床开拓、采矿方法的选择，都必须考虑矿体形状。此外，矿体形状的复杂性对探矿提出了特殊要求，即探矿工作必须贯穿于矿床开采过程。

（三）矿床赋存——矿体厚度和倾角

矿体厚度和倾角对矿床开采工作的影响很大，直接影响采矿方法、采矿工艺的选择和有关参数的确定。矿体倾角从 0° 到 90° ，厚度小到只有几厘米，大到数十米甚至上百米。从开采技术要求出发，人们分别按厚度和倾角将矿体分为若干类，如表 1-2 和表 1-3 所示。

表 1-2　矿体按厚度分类

类别	极薄矿体	薄矿体	中厚矿体	厚矿体	极厚矿体
厚度 /m	<0.8	0.8 ～ 4	4 ～ 15	10 ～ 40	>40

注：矿体按厚度的划分标准不完全相同，表中采用了金属矿床的划分标准。

表 1-3　矿体按倾角分类

类型	水平和微倾斜矿体	缓斜矿体	倾斜矿体	急斜矿体
倾角	<5°	5° ～ 30°	30° ～ 55°	>55°

非煤矿床，特别是内生矿床和变质矿床，由于其成因和成矿环境的复杂多变性，即使是同一矿体，其厚度和倾角也常常可能变化很大，甚至上盘倾角和下盘倾角也不相同。

（四）矿床赋存——矿石的坚固性

矿石的坚固性是指矿石抵抗外力（机械、爆破破碎）的能力，常用普氏系数（坚固性系数）f表示。一般情况下，矿石的f值在3～4范围甚至更小时，才可用机械开采；f值在4～9范围时，采用爆破开采；f大于10时，只能采用爆破开采。矿石的坚固性决定了非煤矿床一般只能采用爆破法开采。

（五）矿床赋存——矿石的化学特性

1. 结块性

结块性是指采下的矿石遇水和受压后重新黏结在一起的性质。一般情况下，黏土矿（或矿石中含有黏土成分）和高硫矿石采下后遇水和受压容易结块。矿石的结块性对放矿、装矿和运输都有影响，甚至限制了人们使用某些采矿方法。

2. 氧化性

氧化性是指硫化矿石（化学成分为硫化物）采下后在水和空气的作用下变成氧化矿石（化学成分为氧化物）的性质。硫化矿石氧化将降低选矿回收率，并且使矿石结块或引起自燃。

3. 自燃性

自燃性指高硫矿石氧化生热并自发燃烧的性质。具有自燃性的矿石对采矿方法的选择有特殊要求，不能采用矿石在采场大量长时间堆放的采矿方法。

矿石的结块性、氧化性和自燃性通常简称为矿石“三性”。

4. 矿石的物理化学特性

部分矿石具有特殊的物理化学特性，如盐类矿物易溶于水，硫的熔点低（112.8℃）及铜、金、银、铀等金属矿物易溶于酸性或碱性溶液，人们可以采用物理或化学方法开采这部分矿产。

（六）矿床赋存——矿岩的稳固性

矿岩稳固性是指矿石和围岩允许暴露的面积大小和时间长短的性质。非煤矿床的矿岩稳固性大多较好，允许暴露较大的面积和较长的时间而无须支护，从而使采场顶板管理大为简化。

除上述特点以外，非煤矿床一般不存在瓦斯问题。但开采硫化矿时，在一定条件下（硫化）矿尘具有爆炸性。一般认为，含硫大于 10% 的硫化矿尘具有爆炸性，发生爆炸的下限约为 150 g/m^3，上限为 1500 ～ 1800 g/m^3，引燃温度为 435℃～ 450℃

三、矿床地下开采概述

同煤矿床地下开采一样，非煤矿床地下开采也要在井田范围内进行一系列再划分，使之成为技术上可开采的开采单元，并按一定的顺序开采。开采前人们要从地表开掘一系列巷道通达矿体，形成完整的矿井生产系统，然后在划分的开采单元内布置巷道，形成相应的生产系统并进行回采。

（一）矿床地下开采——勘探

相比地质勘探，生产勘探采用的工程手段存在很多共性，然而也有其特殊性。在生产勘探中，槽探、井探、钻探、坑探等工程手段仍是主要手段，然而各种工程采用的比重和目的却不是完全相同的。

选择勘探方法时，人们必须依据具体的矿床地质条件、矿山生产技术条件及经济因素进行综合考虑、合理取舍，如矿床地质构造、水文地质条件比较简单，矿体规模大，矿化较均匀、产状比较稳定、矿体形态及内部结构比较简单，一般以钻探为主，反之，则坑探作用更大。

另外，矿山采矿方式、采矿方法、采掘（剥）生产技术条件及生产要求对勘探方法的选择也有重要影响，其具体内容如下。

①砂矿等露天开采矿床多用浅井、浅钻或两者相结合。

②原生矿床露天开采以地表岩心钻、平台探槽为主，也可利用露天炮孔。

③采用地下开采方式时，多以坑道和坑内钻探为主。中深孔或深孔凿岩也常用于生产勘探。

1. 露天开采矿山常用的生产勘探工程手段

①平台探槽。平台探槽主要用于露天开采平台上揭露矿体、进行生产取样和准确圈定矿体。对于地质条件简单，矿体形态、产状、有用组分品位稳定而不要求选别开采的矿山，平台探槽可作为主要的生产探矿手段。地质条件比较复杂时，平台探槽只能作为辅助手段。

探槽规格一般较小，宽 × 深的尺寸约为 1 m × 0.5 m（深度视掩盖物厚度而变化）。

探槽施工可以经常进行，也可与平台剥离采矿相配合（即按开采台阶）分期集中进行。施工前应先推去平台上的浮渣，再用人工挖掘。

②浅井。浅井广泛用于探查砂矿及风化矿床的矿体。其作用在于对矿体进行取样和圈定，对含矿率进行测定，并对浅钻质量进行检查。

2. 地下开采矿山常用的勘探工程手段

在我国地下开采的矿山中，通常采用坑道勘探或坑道配合坑内钻进行勘探，中深孔或深孔凿岩则常用于矿体的二次圈定。

①坑道探矿。坑道探矿虽然成本高，效率较低，但由于其具有某些特点，所以仍然是生产勘探中的主要手段。

第一，坑探对矿体的了解更全面，所获资料更准确可靠，特别是对矿化及地质现象的观察比钻探或深孔取样更直接、更全面。

第二，由于人员可直接进入坑道，可及时掌握地质变化情况，便于采取相应措施（如改变掘进方向等），以达到更准确获取地质资料的目的。

第三，有利于探采结合。探矿坑道可在以后采矿过程中使用，或利用采矿坑道探矿，可以有效降低成本。

第四，可为坑内钻或深孔取样探矿提供施工现场，达到间接探矿的目的。

②钻探。钻探主要有以下两种手段。

第一，地表岩心钻探矿。当矿体埋藏不深时，可采用地表岩心钻在原有勘探线、网的基础上进行加密，达到储量升级的目的。

第二，坑内岩心钻（坑内钻）探矿。它是指在勘探坑道或生产坑道内利用钻孔进行的探矿工作。坑内钻可进行全方位，不同角度施工，具有效果好、操作简单、效率高、成本低、无炮烟污染等优点，因此已成为地下开采矿山广泛采用的生探手段。

3. 中深孔或深孔凿岩探矿

中深孔或深孔凿岩探矿是指利用各种中深孔凿岩机打眼收集岩粉、岩泥，确定矿体边界，以控制和圈定矿体的探矿方法。其一般用于探顶，并代替部分穿脉以加密工程控制及回采前对矿体的最后圈定等。

凿岩机探矿的优点：设备的装卸、搬运比坑内钻更为方便，要求的作业条件也更为简单，特别是用它在采场内进行生产探矿更具优越性，并且其比一般坑内钻更适于打各种向上孔，与坑内钻相比效率更高、成本更低，可以生产探矿两用（爆破用的炮孔通过取样，可起到探矿作用）。

凿岩机探矿的缺点：不适于打向下孔，所取样品不易鉴定岩性、岩层产状及地质构造等，特别是不易确定矿体与围岩的准确界线。

凿岩机探矿手段确定见矿位置（即矿体与围岩界线）的方法：当岩泥与矿

泥颜色不同时，人们可根据孔中流出的泥水颜色变化进行确定；当岩泥和矿泥从颜色上不易区分时，则必须分段取样通过化验进行确定；如果需要测定品位，则尽管根据泥水颜色可以确定矿体界线，但也必须进行取样和化验。

近年来，一些矿山试验采用某些物理方法确定探矿中是否见矿及见矿位置，如荡坪钨矿使用光电测脉仪以测定探孔中所见钨矿脉，取得了良好效果。此外，加上适当探头的手提式同位素 X 射线荧光分析仪，也可用于探孔中对某些矿石品位的测定和确定矿体边界。

（二）矿床地下开采——回采单元的划分

在划定的井田范围内（划分原则和方法与煤矿床开采相同），为了有计划、按顺序开采还要进行一系列再划分，直至达到技术上可能的回采单元。视矿体倾角大小，回采单元划分有“井田—阶段—矿块”和“井田—盘区—矿壁”两种方式。

开采缓斜、倾斜和急斜矿体时，采用“井田—阶段—矿块”的划分方式，即先将井田划分为阶段，再沿矿体走向将阶段划分为矿块作为独立的回采单元。

一般开采缓斜矿体时阶段高度在 20 ～ 25 m，开采倾斜和急斜矿体时阶段高度为 40 ～ 60 m。阶段布置与煤矿基本相同，即要在其下部标高位置布置阶段运输平巷，在其上部标高位置布置阶段回风平巷。在此基础上，在阶段内沿矿体走向每隔一定距离要掘进天井（上山）连通阶段运输巷和阶段回风巷，将阶段划分为矿块，在矿块内进行回采工作。视矿体厚度大小，可以沿矿体走向或垂直矿体走向布置矿块。一般情况下，开采中厚以下矿体时，沿走向布置矿块；开采厚和极厚矿体时，垂直走向布置矿块。矿块长度一般为 30 ～ 50 m，其与矿体厚度、矿岩稳固性和所采用的采矿方法等有关。

开采水平和微斜矿体时，采用“井田—盘区—矿壁”的划分方式，即先将井田划分为盘区再将盘区划分为矿壁作为独立的回采单元。非煤矿床的盘区与近水平煤层的盘区布置相似，但前者的盘区尺寸较小，一般为（200 ～ 400）m×（200 ～ 400）m。盘区尺寸与矿体倾角、厚度、矿岩稳固性等有关。

盘区开采时，通常在其一侧或中央布置两条上（下）山，其中一条用于运输和进风，另一条用于回风。矿壁回采时，掘进运输平巷与盘区上（下）山相通，以构成生产系统。需要说明的是，矿壁在有的文献上叫采区，为了避免与煤矿的采区混淆，这里采用了矿壁的叫法，而且实际上矿壁相当于近水平煤层盘区布置时划分的区段。非煤矿床中，水平和微斜矿体较少，因此除少数条件适合的（沉积）矿床外，一般都采用阶段布置方式。

（三）矿床地下开采——开采顺序

开采非煤矿床时，阶段的开采顺序一般也采用下行式，只有在极少数特殊情况下，才采用上行式开采，如矿床上贫下富，而国家急需该种矿产，或地表无废石场地，需要利用矿床下部的采空区堆放废石，从而不得不采用上行开采。

按回采工作与主井（主要开拓巷道）的位置关系，阶段中矿块的开采顺序也有前进式、后退式和混合式三种。与煤矿普遍采用采区前进式开采不同，在非煤矿山，一般认为，只有当井田走向长度较大、矿体赋存简单且矿岩稳固时，采用前进式开采才比较合理，否则应采用后退式开采，这是由非煤矿床的赋存特点决定的。一方面，矿体形状、产状的复杂多变性常常要求人们在开采过程中对矿床进行补充勘探，后退式开采无疑可以满足这一需要；另一方面，由于非煤矿床井田尺寸一般较小，后退式开采初期工程量大、基建时间长的缺点不突出。

近距离矿脉群的开采顺序，一般也采用下行式。但人们应当注意的是当开采倾角大于下盘岩层移动角的急斜矿体时，将引起下盘岩层移动。此时，即使按下行顺序开采，也可能对位于下盘的矿体造成影响。在这种情况下，应通过适当降低阶段高度等措施避免或减轻对下盘矿体的影响。

（四）矿床地下开采——开采步骤

与煤矿床地下开采相似，非煤矿床地下开采的全过程可以划分为矿床开拓、矿块采准切割和回采三个步骤。

①矿床开拓是指从地表掘进一系列巷道通达矿体，形成提升、运输、通风、排水和动力供应等完整的生产系统。为开拓矿床掘进的巷道，称为开拓巷道。

②矿块采准是指在已经开拓的阶段掘进巷道，将阶段划分为矿块，并在矿块内为行人、通风、运料、凿岩和放矿等创造条件的采矿准备工作。为矿块采准而掘进的巷道称为采准巷道。采准巷道的类型、数量及位置与矿体赋存条件和所采用的采矿方法有关。在某种意义上，可以认为矿块采准相当于煤矿的采区准备。

③切割是指在已经采准完毕的矿块中开辟自由面和自由空间，为回采爆破和放矿创造条件的工作。为进行切割工作需要掘进一些巷道，这些巷道称为切割巷道。矿体赋存条件不同，所采用的采矿方法不同，需要掘进的切割巷道类型和切割工作的内容也不同。采准与切割总的说来都是回采的准备工作，因而统称为采准切割，简称采切。

④回采是指在已经采准切割完毕的矿块中采出矿石的过程。

矿床开拓、矿块采准切割和回采之间必须满足一定的关系，矿井才能正常、均衡、持续生产。采矿工程工作地点不断迁移的特点决定了开拓必须超前于采准切割，采准切割必须超前于回采。同煤矿一样，在非煤矿山，矿床开采步骤之间的关系，即正常的采掘关系是由一定保有期限的三级矿量（开拓矿量、采准矿量和备采矿量）来保证的。

（五）矿床地下开采——非煤矿床地下开采现状

国内非煤矿山的生产能力普遍较小，像煤矿那样年产数百万吨的矿山还不多，这主要是由于非煤矿床的规模一般较小。但国外一些矿床规模大、机械化程度高的非煤矿山也有年产达到数百万吨，甚至有年产上千万吨的，如瑞典的基律纳铁矿产量为 2000 万～ 3000 万 t/a。

非煤矿床地下开拓的基本方法以竖井开拓为主，其次是平硐开拓，斜井开拓相对较少，这是由非煤矿床的赋存特点（矿体多为急斜、地表多为山区或丘陵）决定的。随着无轨自行设备（凿岩台车、铲运机、自卸卡车等）的大量采用，矿床埋藏深度不大的新建中小型非煤矿山采用了斜坡道开拓法。这一开拓方法使矿井生产环节减少到最少。

目前，国内非煤矿山主要采用空场采矿法（类似柱式体系采煤法）和崩落采矿法，充填采矿法主要用于开采金矿和铀矿等矿，还有在地表需要保护的情况使用。由于非煤矿床赋存条件复杂，矿体形状和产状复杂多变，矿石种类繁多、价值不一，在生产实践中应用的采矿方法迄今有 200 余种，现常用的采矿方法就有 20 种之多，其中除少数与采煤方法有相似之处外，大多数与采煤方法不同。

凿岩爆破是非煤矿床地下开采最主要的落矿手段，机械落矿仅用于少数矿石，这是由矿石的坚固性决定的。此外，部分矿石的物理化学特性使其采用物理或化学方法采矿成为可能，如用水溶法开采盐类矿床，用热熔法开采自然硫矿床，用溶浸法开采条件合适的铜、铀、金、银等金属矿床。此外，矿岩自身的稳固性又为回采工作空间的维护带来了极大便利。在矿岩稳固性好的情况下，工作面常常无须支护，从而使“顶板管理”大为简化。

（六）矿床地下开采——非煤矿床地下开采的发展

非煤矿床地下开采总的发展方向是简化采矿方法结构和工艺。目前，与传统的凿岩爆破法落矿相适应的采矿方法结构复杂、机械化程度低、效率不高。采矿方法结构的简化依赖采矿工艺的改进，特别是凿岩技术水平的提高。瑞典正在研究建设 1000 m 深的地下“露天矿”，将露天矿爆破技术应用于地下开采，这无疑将使采矿方法结构大为简化。除此之外，还要提高非煤矿床地下开采的机械化程度，发展多种落矿技术，用硬岩连续采矿机部分取代凿岩爆破法，巷道掘进采用联合掘进机，进一步发展电气化无轨采矿，采用电动汽车、电动铲运机、连续装载机和带式输送机，最终实现无爆破机械化连续采矿、电气化无轨运输。

根据上述内容我们可以发现，非煤与煤矿床地下开采要解决的问题大体相同。不仅如此，两者解决问题的原则和方法也相同，只是由于前者的特殊性，即开采对象是赋存条件千差万别、矿产种类繁多的矿床，且矿床规模、地质和水文地质条件不一，矿体形状和产状复杂多变，矿石坚固性和矿岩稳固性各不相同，矿体中有用成分分布不均匀，所有这一切，又决定了非煤矿床地下开采有自己的特点。

第三节　采矿活动对环境造成的影响

一、采矿活动对环境影响概况

（一）采矿活动对环境带来影响综述

矿产资源对人类社会文明的发展来说是必不可少的物质基础。据统计，人类每年都会进行大量的矿产资源开发，每年使用上百亿吨矿物，若是换个角度来计算，如把开采废石和剥离矿体覆盖层的土石方计算在内，得到的数据将会更加惊人。在人类如此巨大的矿山开挖工程影响下，势必会给环境造成巨大的压力，随着人类不断加大对矿山的开采力度，以采矿为目的的一系列工程活动，加剧了环境问题与地质灾害问题。因此，矿产资源开发利用所产生的环境问题，已经引起各国的重视。我国针对矿产资源开发利用过程中的环境破坏问题，从环境保护与污染防治两个角度出发，双向保证在开发矿产资源发展经济的同时，实现环境保护、治理同步发展，实现可持续发展与和谐发展。

矿产资源开发利用，对环境产生的影响是长期而复杂的。其影响方式，既可以是长期的或短期的，也可以是直接的或间接的。人类在开发利用矿产资源的进程中，产生了一系列的生态环境问题，具体表现为地球表面和岩石圈相对平衡的自然状态遭到了改变与破坏，地质环境也随之不断发生改变与恶化，进而使生态环境失衡，还表现在以矿产开发利用为中心的生产活动，“三废”排放严重的同时，由矿产开采而引起的地面变形问题正在不断加剧，使人类的生存环境急剧恶化，生态环境问题越发严重。

地质环境是一个复杂系统，矿山各种环境问题和地质灾害是以矿产开发为诱发因素，其受矿区构造特征及与之相关的区域地壳稳定性影响的同时，也离不开人类经济活动的影响控制。这些引发各种环境问题的因素，决定了人们针对矿山环境问题和地质灾害进行研究时，要从成因和受灾体两个方面进行分析和研究。以研究对象为立足点的矿山环境研究内容，要从矿山具有的地质环境、水环境、生态环境及大气环境和空间环境等角度出发，进行分析与研究。

矿区的建设与开发，是出现各种环境问题和地质灾害的主要成因，影响着区域社会经济发展，并且矿产资源开发产生的废气、废水等污染，也影响着人类的身体健康。随着社会经济的发展需求增加，矿区开采的规模、深度和时间，都在不断扩大、延深和延长，这样一来必然会导致矿山环境自身平衡被破坏及产生其他环境问题。随着采矿诱发环境问题的增多、增强，带来的负面影响越加严重，严重背离了矿山环境及矿业可持续发展的原则。因此，针对矿山环境问题进行有针对性的调查和科学分类研究，其最主要的目的在于寻找出可以更好平衡人与矿产开发与环境的方法，找出有针对性的防治措施。

针对矿山环境问题进行分类，是当前环境地质学研究的重要方向，是现代矿床水文地质学及相关环境地质学理论中不可缺少的重要组成部分。围绕着复杂的矿山环境问题，进行科学的分类研究，可以进一步完善和发展现代环境地质学相关理论基础，有助于对矿山环境调查评估评价进行有效指导的同时，也可以为矿产开发的后续研究，如对预测预报、保护与复垦治理等工作指明方向。

当前针对矿山环境问题进行分类的方法主要有以下三种。

第一，依据矿山存在问题的性质进行分类

第二，依据矿山开发阶段进行分类。

第三，依据矿种类型进行分类。

矿山开采对环境产生的影响是多面且复杂的，不同类型的矿山企业，其开采工艺和影响环境的强度不同，它们对环境的影响方式也有所差别。

我国具有丰富的矿产资源，然而遗憾的是，尽管矿产资源的开发利用满足了经济社会发展的需求，但是也对矿区的自然环境，造成了改变和破坏，进而产生了一系列的环境问题。

这些矿区本身的地质环境和生态系统已经十分脆弱，这些环境问题不仅阻碍了资源的开发，还制约了社会经济的可持续发展。在薄弱的地质环境基础之上，进行大规模的资源开发，或是开展各类经济活动，无疑是对当地矿山地质环境与生态系统的严峻挑战，势必会加重当地环境问题，如水土流失加重、地面变形、地形被破坏等环境问题，形成了恶性循环。

从矿产大规模开采本身所具有的性质来说，矿产开发势必会使地貌景观由于矿产资源的开发而造成改变，同时也会占用大量的土地，用以堆积废弃物。由矿产开发活动而产生的矿区尘埃也会对空气质量产生影响。尽管有关部门对矿井排水等污染排放不断加强控制，但是水资源仍旧会遭到破坏。存在于废矿石中的微量元素，当被雨水淋滤出渗透进土壤或水体之中，就会间接对植物乃至人类产生有害影响。随着采矿活动的开展，势必会使土壤、水、空气产生物理变化，而这些变化均会直接或间接对生物环境产生危害。

（二）采矿活动对环境带来影响的分类

目前，世界上年产 15 万 t 以上矿石的矿山大约有一半是露天开采，矿石产量的 75% 左右来自露天开采。许多大矿山，如美国明尼苏达州希宾铁矿、美国新墨西哥州圣利塔铜矿、中国的山西平朔煤矿等，都是露天开采的。位于美国犹他州宾厄姆峡谷的北美最大铜矿露天采场椭圆形的采坑长达 7.5 km、宽约 4.5 km，深度近 1000 m。澳大利亚南部的莫雷韦尔露天采煤场也是世界上最大的人造矿坑之一，每小时都有数千吨的煤炭从矿坑中运出。露天采矿对环境的影响主要表现为占用大量土地，彻底改变矿区地表的景观。

澳大利亚查莱斯金矿区，在开发矿产之前本是一片绿色的原野，为了满足选矿厂的矿石需求，该矿区每天都进行大量的开矿作业，将矿产从土体中剥离出来，剥采比高达 15 ∶ 1，而这些剥离出来的土体，不仅占用了大量的土地，还由于该地区的生态环境遭到破坏，而造成了荒漠化。

我国重点金属矿山，采用的开采方式多是露天开采，约占 90%，每年矿区都会剥离大量的岩土，其中最直接带来的影响就是露天矿坑及堆土（岩）场，占用了大片农田。采矿活动把矿区土地破坏得面目全非，原有的生态环境再也不能恢复，植被和土壤覆盖层被剥离，废石堆随处可见。

露天采矿对环境造成的影响除了破坏大量土地外，与采矿工程相配套的设施，如土场、尾矿库、厂房及附属设施等，所占用的土地通常是采场的几倍，这不仅会加剧对自然景观和生态环境的破坏，还会由土地而引发工农业争地的矛盾。根据辽宁省鞍山东鞍山铁矿、大孤山铁矿、眼前山铁矿、齐大山铁矿、弓长岭铁矿统计，5 个矿山总占地面积为矿区总占地面积的 97.68 km^2，其中采场占地面积 17.88%，排土场、尾矿库、附属设备占总面积的 82.12%。

矿业活动会对环境造成损害是人尽皆知的，矿区环境受到矿产种类、开发方式、环境地质背景及矿山企业的规模与性质的直接影响，会产生不同程度的危害，即不同的矿山，因需要开采的矿种不同，所导致的环境问题也是不同的。露天开采的方式将会导致的环境问题，如下所示。

第一，边坡稳定问题。这一问题主要是由采矿占用大量土地，采场和排土场峰、水复合侵蚀的原因造成的。一方面，排土场煤矸石将会导致酸性渗流污染；另一方面，露天采坑不仅会造成地下水疏干，还会引发区域水下降等问题。

第二，井工开采造成的环境问题。矿井涌水问题打破了排、供水和生态环境之间的平衡，引发了三者之间的矛盾。首先，矿坑排水问题，会导致地面发生岩溶塌陷；其次，固体废弃物不合理堆放将会引发泥石流等问题。

第三，金属矿山环境问题。其主要包括了由尾矿废渣堆积，微量元素融入土壤、水域，引发的水体重金属污染问题，还有矽卡岩型矿床的周边冲水问题等。另外，矿区的废石堆积，也会对矿区的地形地貌造成破坏。

第四，由非金属矿山的开采带来的环境问题主要表现在两个方面：一是大量的粉尘会造成大气污染；二是地陷及严重的水土流失。

第五，石油油田的环境问题。它是指由石油油田的开采活动所带来的环境问题，主要污染体现在对地表水、地下水的污染，还有对土壤的严重污染。

地球中的各个圈层是相互影响又相互作用的，人类围绕着矿产资源而展开的开采活动，势必会对地球的生态环境造成一定的影响和破坏，其中矿产资源开采活动，对生态环境破坏的最直接表现就是对地表生物圈的破坏。一方面，开采活动会造成土地破坏，包括土地的挖损、塌陷、压占；另一方面，开采活动还会破坏地表植被。矿产资源开发对地球各圈层产生的影响，主要体现在以下几个方面。

第一，在地表生物圈堆积的由矿产开采产生的废弃物，如煤矸山自燃，矿产开采产生的粉尘，还有煤层气、CO、SO_2、NO_2、H_2S 等有害气体排放进大气圈，导致大气受到污染，严重一些会形成酸雨。又由于地球各圈层是互相影响的，受到污染的大气，会导致地面植被和生物的生存环境发生改变，使矿区被破坏土地自身所具有的自然修复能力遭到破坏，这样一来，不仅会加剧生物圈土地的破坏，还会加剧生物的破坏。

第二，地表生物圈的破坏不仅是造成水土流失的主要元凶，还是使地下水遭到破坏的最主要原因。在人类矿产开采活动影响下产生的露天矿、排矿堆、尾矿或大量堆积的矸石山，在受到雨水淋滤后，均会使地表水系受到直接或间接破坏，这些受到污染的地表水系，渗透到地下，进而会造成水系紊乱。其中，由矿产开采而导致的岩石圈变形为土地所带来的损害是最为严重的，地表沉陷在破坏土地的同时，也会使水资源遭到间接破坏，从而使地表生物圈也受到影响。

第三，从空间角度出发，人类对地下矿产资源的开采，为生态环境带来的影响，是存在顺序的。首先，受到影响的是岩石圈和水圈（地下水）；其次，是生物圈和水圈（地表水）；最后，是大气圈和水圈（降雨）。

二、采矿活动对大气环境影响

（一）采矿活动对大气环境带来影响综述

煤矿山开采产生的废弃物包括了粉尘、废气，以及有毒、有害气体，它们进入大气层会导致大气自然状态的成分和性质发生改变，大气圈受到影响有可能会产生酸雨，使农田受到腐蚀，使土壤发生改变，使生物生存环境同样受到破坏。据相关调查可以得知，我国的煤炭系统会排放大量的由燃烧而产生的有害物质，以年为单位，排放废气约有 1700×10^8 m^3，排放的烟尘有 0.3 Mt 以上，排放的二氧化硫约有 0.32 Mt。另外，我国每年由煤炭燃烧而泄出的甲烷排放量，占世界甲烷排放总量的 30%。

以露天煤矿开采为例，不管是围绕着表土、基岩和煤层而进行的穿孔、爆破及对岩块和煤炭的破碎，还是煤炭的装载和运输活动，均会有大量的煤尘及其他粉尘产生。在西北干旱降水量少的地区，由矿产开采活动而产生的煤尘及其他粉尘受到大风的影响，会导致尘暴现象，进而使矿区局部的环境遭到破坏。另外，矸石山在自燃过程中，不管是产生的有毒、有害气体，还是产生的烟尘，均是使大气受到污染的主要元凶。

（二）采矿活动带来的大气环境问题聚焦

依据相关调查我们可以得知，我国的煤矸石积存量十分巨大，并占用了大量的土地，全国上下在燃烧的矸石山有 130 多座，导致废气的年排放量正在逐年增加，其增长速度约为 4.0×10^8 t。这些燃烧的煤矸石，有的甚至燃烧了数年，产生了大量有毒、有害气体，如 CO、SO_2、NO_2、H_2S 等，并伴有大量的烟尘，这些因素使矿区大气受到了严重的污染。产生酸雨的最主要原因就是燃煤，而我国的部分矿区，其主要产品就是高硫煤，在我国的诸多矿区中，煤中硫含量最高的地区是西南矿区，并且由于燃煤而带来的污染，已在我国的西南、华南、华中等地区形成了酸雨污染。

酸雨从形成到渗透进土壤，其均会对农作物和森林生态系统产生严重危害，从而使地下水体及其水生态系统受到影响。酸雨还会腐蚀建筑物，不管是建筑物中的金属部件，还是非金属部件，都会受到缓慢的腐蚀。酸雨给人体带来的损害是直接且严峻的，也会给野生动物及植被生存带来极大的影响。由于在煤炭开采的过程中，会散发出大量的甲烷气体，若是这些气体不被加以处理与利用，任其排入大气，这不仅会导致臭氧层受到破坏，还会加剧地球温室效应。

依据相关统计我们可以得知，在国内存在于烟煤和无烟煤中的煤层气，有 $30.0\times10^{12}\sim35.0\times10^{12}\ m^3$，并且这庞大数量的煤层气，多数矿山并没有对其加以利用，而是普遍由井下通风装置，直接排放的空气之中。据统计，我国每年约有 $77.0\times10^{8}\ m^3$ 的瓦斯排放量。不同地区的煤层瓦斯，由于受到生成条件和赋存条件的影响而产生变化，导致不同空间的煤层瓦斯，在其分布上呈现出不均匀特征，表现为我国的高瓦斯矿井和高瓦斯矿区往往集中分布在某些地区。

综合我国各大地区的高瓦斯矿井的对数和平均矿井相对瓦斯涌出量，我国华南地区的瓦斯涌出量最高，居全国之首。

三、采矿活动对水环境影响

（一）采矿活动对水环境带来影响综述

水环境受到矿产开发的影响而产生的问题主要有两个方面：一是废水排放污染；二是由疏干排水而出现的地质环境问题。矿区排放的大量的废水，其产生原因主要有以下几点。

第一，矿山在建设和生产过程中的一个重要组成部分就是矿坑排水洗矿，人们在这一过程中会使用有机和无机药剂，这些药剂无疑会导致水污染，形成尾矿水。

第二，矿区的排矿堆、尾矿和矸石堆，这些废矿物本身带有的微量元素，将会渗透溶解进附近水体，从而产生废水。

第三，矿区排放的废水还包括了其他工业产生的废水，以及由医疗生活而导致的废水等。

由以上原因产生的矿区废水，多数是未经处理就直接进行排放，使地表水、地下水受到不同程度的影响而产生水污染，这些受污染的废水被用于农业，就会对农作物产生污染。另外，其中的有害元素成分，也会经过自然挥发进而污染空气。

在国内，关于选矿废水的单位（年）排放总量，据统计约有 $36.0\times10^{8}\ t$，并且这些废水几乎都没有达到相关排放标准，其中不乏各种有害金属离子和物质，在固体悬浮物方面，其浓度更是远远超标。以我国北方岩溶地区为例，该地区的煤、铁矿山，所产生的矿坑水，每年约有 $12.0\times10^{8}\ t$，并且 70% 左右的矿坑水都是自然排放的。

矿坑水中的有害物质，一旦流入附近的地表水和地下水之中，不仅会直接造成污染，还会直接或间接影响着人、畜和野生动物的生存环境。以江西某地多金属矿床为例，由于矿区大量排放废水，这些矿坑水中的酸性物质流入河流，造成了河水污染，使水中生物受到污染影响而鱼虾绝迹，水草不生，使矿区附近的河水不能饮用的同时，更是使土壤的物理性质发生变化，使农田受到污染，使农作物生长受到损害。

人类以海洋勘察、开采石油为目标而进行的钻井等活动，将会导致污水进入海水中，特别是海上平台发生井喷，将会有大量原油喷出，这些原油泄入海水，将会直接导致附近海域水体受到污染，进而使海域生态受到严重破坏。

除此之外，矿山由于疏干排水而引起的矿井突水事故也时有发生。依据相关调查，近 30 年来，我国主要的煤炭矿区由于突水事故所带来的经济损失达 27 亿元，并且我国某些新井建设，也受到水的影响，而久久不能进行投产，导致它们不能实现矿区的设计生产能力。

就我国北方的主要矿务局来说，其中矿井受水威胁的就有 130 余个，并且随着对矿产的不断开采，开采工程也不断向矿山深部发展，这样一来水压就会不断增加，使突水灾害所带来的威胁越发严重。存在于北方岩溶地区的煤炭矿床储量，据勘探统计约有 150×10^8 t，并且该地区的铁矿床储量约有 8.0×10^8 t，这些矿床均受水的威胁，使矿产的开采工作难以开展。尤其是近年来，由于人们对群采矿山的乱采乱挖，导致大矿涌入了大量的地表水体或废弃矿山的积水，造成积水严重，使国营大矿淹井事故频发。

（二）采矿活动带来的水环境问题聚焦

我国沿海地区的部分矿区由于疏干排水问题，而导致海水入侵，并且其入侵范围呈现出扩大趋势，这不仅对当地淡水资源造成了破坏，还影响了植物生长。

除此之外，更为严重的是，某些矿山由于排水，疏干了附近的地表水，导致浅层地下水得不到补充，进而影响了植物生长，部分矿区在浅层地下水长期得不到恢复的影响下，甚至形成土地石化和沙化，严重破坏了当地的生态环境。

目前，由于采矿而造成矿区及其附近缺水的地区正逐渐增加，如煤炭大省山西因采矿而形成的缺水地区包括了 18 个县，造成了 26 万人的吃水困难，并且在山西大量的水浇地由于缺水变成了旱地，以山西晋城地区为例，采矿间接或直接造成了 5244 hm^2 耕地变坏，由水浇地变成旱地的有 3000 hm^2。

我国甘肃省，由于石油开采，破坏了区域地下水平衡，使其发生了大幅度下降，有的地区甚至下降了上百米，造成大面积疏干漏斗，破坏了整个地下水均衡系统，使水资源短缺，井泉干枯，不仅使人们的生活用水受到影响，也影响了工业用水和农业用水，如甘肃省庆阳市，随着石油开采，使地下水受到严重污染，迫使当地人不得不向其他地区买水。

四、采矿活动对生物圈环境影响

（一）采矿活动对生物圈环境带来影响综述

生物圈受到矿产资源开发的影响主要包括两方面：一是土地资源的破坏；二是植被等生物环境的破坏。土地的破坏主要是指采矿工业占用和破坏土地，主要包括了以下几个方面。

第一，采矿活动所占用的土地，包括厂房、工业广场等。

第二，为采矿服务的交通设施，包括公路、铁路等。

第三，堆放采矿生产过程中产生的大量固体废弃物的场地。

第四，由于矿山开采而导致的地面裂缝、变形及塌陷等。

据估计，到目前为止，我国采矿工业占用和破坏的土地有 13×10^4 hm^2 ～ 20×10^4 hm^2。

（二）采矿活动带来的生物圈环境问题聚焦

我国煤炭的开采方式主要是矿山井下开采，并且这种方式的煤炭开采量占全国的 95% 以上。以井工开采的方式进行煤炭开采，由于岩石的冒落，可能会导致地面发生大面积塌陷积水，破坏大量农田，导致村庄搬迁。因为我国普遍采用井工开采，可以说我国煤矿区遭受的最主要的生态破坏就是采煤沉陷。

据估算，全国平均每采出 1.0×10^4 t 煤所引起的沉陷面积在 0.2×10^4 m^2 以上，每年由于煤炭开采而损伤的土地面积达到 12.5×10^4 hm^2，塌陷面积约为 2.0×10^4 hm^2，全国已有开采沉陷地 45.0×10^8 m^2。由于我国的地形地貌复杂，各个矿区不仅在地形、地貌、自然环境方面存在差异，还拥有不同的地质采矿环境条件。这些因素的不同导致我国各矿区由于采矿形成的地面沉陷，在对土地的影响和破坏程度上也是存在差异的。

第一，在我国的西北、西南、华中、华北和东北大部分地区的山地和丘陵矿区，由采矿引起沉陷过后，在其地表、地貌方面不会出现明显的变化，也基本不会形成积水，对土地产生的影响相对来说较小。

第二，我国黄河以北的大部分平原矿区属于中、低潜水位平原沉陷区，这些区域开展开采活动后，产生的地面沉陷，只会形成小部分常年积水，除此之外，在积水区周围部分缓坡地，较为容易发生季节性积水，从而导致水土流失和盐渍化问题的发生，进而对土地产生严重的影响。

第三，由于华东矿区属高潜水位沉陷地，因此在发生地面沉降后，地表会形成积水。一方面，积水逐年增加会造成耕地绝产；另一方面，积水区周围的沉陷坡地极易发生季节性积水，在使原地面农田水利设施遭到破坏的同时还会对土地产生严重的影响。另外，华东矿区属人口密集区，并且是我国重要的商品粮基地，在这种背景下，采煤地陷造成的耕地损失和人地矛盾最为突出。

综上所述，我国现有的关于采矿废物的处置方式基本处于缺乏状态，以煤炭的开采和洗选加工为例，在这一过程中，将会产生大量的煤矸石，同时坑口发电厂由于发电的需要还会产生大量的粉煤灰。在我国现阶段技术经济条件的限制下，这些废弃物的综合利用率只有 20% ～ 40%，致使侵占农田，环境污染等一系列问题发生。目前，我国对废弃物的综合利用，主要体现在对炉渣及粉煤灰的利用上，占总量的 20% ～ 30%。针对采煤过程中产生的矸石未进行综合再利用，如用以发电或是作为建筑材料等，只是根据就近堆存处置的原则进行处理，其堆放量为每年近 0.6×10^8 t。

第二章　矿区环境质量评价

环境质量评价是一门较为基础的学问与工作，是环境科学体系中的一个分支，是环境科学的一项重要研究课题。它对组成环境的各部分要素、整体性质、规律，以及人类的生存、生产、生活有着巨大影响。它存在的意义在于保护、控制及利用和改造环境的质量，使环境质量最终符合人类生存的需求。本章主要分为环境质量评价概述、环境质量现状评价、环境影响评价三部分。

第一节　环境质量评价概述

一、环境质量相关内容

（一）环境的概念

我们通常将生物和人类共同生存的这个充满诸多不同结构、不同性质、不同运动状态的物质空间视为环境。环境对于人类而言，则是用以生存的环境。从宏观上来讲，它不仅包括自然环境，同时还包括社会环境。我国《环境保护法》明确指出："本法所称环境是指大气、水、土地、矿藏、森林、草原、野生动物、野生植物、水生生物、名胜古迹、风景游览区、温泉、疗养地、自然保护区、生活居住区等。"

由此可见，环境是作用于人类这一客体予以外界力量及影响的总和。但可以毫不夸张地讲，这些内容并不能全面概括环境的范围。同时，它也是大家所公认的要用法律条文予以保护的环境，因为它与人类乃至世间万物都有着最为密切的关系。

（二）环境质量的概念

人们平时总是提及"环境质量"，那么，究竟什么是环境质量呢？具体而言，它是环境的总体或是某些要素在一个相对具体的环境中对人群生存、繁衍及对社会经济发展的适宜度，是一种通过对人类需求的反映而形成的对环境评价的概念。简单来讲，环境对人类生存的适宜度便是环境质量。

我国的环境污染目前已经严重影响了环境质量，因此近些年来我国对由污染所造成的环境质量问题的研究颇为重视，特别是在化学环境质量方面，更是予以了高度重视。当然，这是必要的，同时也是符合实际需要的。随着时间推移和时代发展，我们不难预料，在未来，环境质量的内容会有更多的创新和更加完善。

（三）环境质量的类型

1. 根据环境类型划分

（1）自然环境质量

具体而言，生物环境质量、物理环境质量、化学环境质量是构成自然环境质量的三个重要组成部分。

其一，生物环境质量。该环境质量主要指的是生物群落的组成、结构、功能及质量。

其二，物理环境质量。该环境质量主要指的是周围物理环境条件的好与坏；自然灾害、地震及人为的物理过程，如地下水开采引起的地面沉降、热污染、微波辐射、噪声污染等；自然气候、地质、地貌、水文等条件的宏观与微观变化。

其三，化学环境质量。它是指化学环境条件的好与坏，如环境的元素含量、物质组成等。

当然，如果我们根据构成自然环境的要素进行划分，那么自然环境的质量还可以被划分为大气、水、土壤、生物等环境质量。

（2）社会环境质量

与自然环境质量相比，社会环境质量会使人们更容易理解，如美学环境质量、经济环境质量、治安环境质量、文化环境质量等，都被社会环境质量包含在内。

2. 根据环境质量优劣分类

人们往往会采用环境质量评价的方式对环境质量进行分级，如重污染（五级）、轻污染（四级）、一般（三级）、良（二级）、优（一级）。同时，这也是我国目前使用较为频繁的分类方式。

二、环境质量评价的概念

每个人对质量评价都不会太陌生，这主要是因为在我们日常生活及生产之中质量评价每时每刻都在进行着。例如饮食，首先人们往往在食用之前先对要食物的颜色、香味及是否对身体有益而进行一番判断；其次决定要不要食用；最后在品尝到了食物的具体味道后，决定要不要继续吃，或是多吃还是少吃。再如购物，人们往往会在购物之前先对所要购买物品的性能、品质、价格等进行简单了解，之后再做决定是否要购买。在生产过程中更是如此，从原材料进厂，到加工，再到产品出厂，更可以说是时时刻刻都在进行着质量评价。我们通常将对特定区域内环境质量的优劣予以定性或定量的描述均被视为环境质量评价。

其一，定性描述，该描述主要指的是人凭借直觉或某种现象对那些没有必要甚至是无法转化为具体数值的指标进行粗略性估计的评定。在进行初期或是要求不高的环境质量评价中，往往会采用这种评价方法。

其二，定量描述，该描述主要指的是将组成环境的最小单位得出来的数值质量优劣程度，按照一定的评价方法和标准进行说明、评价及预测。这种环境质量评价方式相对而言更为可靠。

在一些科学领域里，对一定区域的自然环境条件或某些自然资源本来就有评价的传统，这也属于环境质量评价的范畴。不过在环境污染和生态平衡破坏日趋严重的今天，环境质量评价已经有了新的含义。环境质量评价是环境保护工作者了解和掌握环境质量的重要手段之一，是进行环境保护、环境治理、环境规划及环境研究的最基本工作和重要依据。因此，掌握环境质量评价技术，对于环保工作者来说，具有十分重要的意义，并且是必须具备的。

三、环境质量评价的任务和目的

（一）环境质量评价的任务

按照一定的评价标准及方法，在大量监测数据和调查分析资料的基础上，对一定区域范围内的人类活动对环境，人类身体健康，生态系统的影响程度予以说明、确定和预测，这便是环境质量评价的任务。

（二）环境质量评价的目的

环境的管理和规划需要环境质量评价作为基本依据，且环境质量评价还可以用来比较各个地区被污染的程度。其目的主要在于参与研究和解决下列问题。

①对区域环境污染进行综合治理。

②确定经济发展与环境保护之间协调发展的衡量标准。

③新建、改建、扩建项目计划与规划。

④制定能源政策。

⑤环境管理。

⑥在自然界与工业科学系统相互作用过程中如何维护生态平衡。

⑦制定地方环境标准与行业环境标准。

⑧进行环境科研工作。

四、环境质量评价的类型

（一）根据构成环境要素划分

大气、水（河流、湖泊、水库、海洋和地下水）、土壤、生物等，是构成环境的主要因素。环境质量评价既可对这些环境要素分别进行，叫作单要素环境质量评价，也可以对整体环境质量进行评价，即环境质量综合评价。

①单要素评价。该评价的主要对象是组成环境的单个要素，如水环境质量评价，大气环境质量评价，生态、土壤、生物、噪声等环境质量评价。

②环境质量综合评价。该评价主要以单要素评价作为基础，对一定区域的环境总体状况进行综合性评价，且在此之后再通过一定的数学方法进行归纳或综合而完成评价。

（二）根据构成环境要素环境因子划分

何为环境因子？即构成环境要素的最小的物质单元。环境因子评价又被分为单因子评价和多因子评价（或多因子综合评价）。前者主要是对单个环境因子的评价，而后者主要是对多个环境因子的评价。

①单因子评价是将参与评价的因子分别与评价标准进行对比，然后计算超标倍数、超标范围、超标率等指标，据此判定环境质量的优劣。这种评价简单易行，能较明了而准确地反映环境质量状况，是我国环境评价工作者常用的方法。

②多因子综合评价是将能反映环境质量优劣的、参加评价的因子（经过一定处理后）代入一定的评价模式中，得出综合指数，然后与环境质量分级标准相比较，从而得出环境质量的优劣。这种评价方法计算较为复杂，评价模式的类型较多，目前应用较多的是城市空气质量评价、水环境质量评价。

（三）根据评价对象性质划分

根据评价对象性质划分，环境质量评价可分为自然环境质量评价、社会环境质量评价、农业环境质量评价、交通环境质量评价、工程环境质量评价、风景游览区环境质量评价、名胜古迹环境质量评价等。在实际工作中具体采用哪一种环境质量评价，这要由评价目的、评价要求来决定。

（四）根据时间划分

根据时间划分，即对某一具体环境在某一具体时间段的环境质量优劣进行评定。一是，对某一环境在过去某一时间段的质量优劣进行评定就叫环境质量回顾性评价；二是，对某一环境现在的质量优劣进行评定就叫环境质量现状评价；三是，对某一环境将来某一时间段的质量优劣进行评定就叫环境质量预断评价。

1. 环境质量回顾性评价

环境质量回顾性评价就是根据历史上积累下来的资料对一个区域过去某一历史时期的环境质量进行追溯性（回顾性）的评价。这种评价可以揭示出区域环境质量的变化过程，推测其今后的发展趋势。但是，这种评价往往受历史资料限制，而不能进行准确可靠的评价，因此这种评价具有很大的局限性，并且在日常工作中进行的比较少。

2. 环境质量现状评价

环境质量现状评价经常被简称为现状评价，一般是根据最近 2 ~ 3 年的环境监测结果和污染调查资料对一个区域内环境质量的变化及现状进行评定。它可以反映环境质量的现状，为区域环境污染的综合防治、环境规划、环境影响评价提供依据。这是环境保护工作者经常做的一项工作。

3. 环境质量预断评价

环境质量预断评价是人们根据目前的环境条件、社会条件及其发展状况，采用预测的方法对未来某一时间段的环境质量进行评定。例如，某一地区目前的环境质量状况为一般，人们根据它的环境条件、社会经济、人口等发展的趋势推断出到 2020 年或者到 2030 年的环境质量状况。

另外，如果对人类未来或即将实施的某项活动（工程、计划、规划、政策、战略等）会对环境质量变化产生何种影响及影响的程度有多大进行评定，从时间上来看该评价属于预断评价的范畴，但从评价的实质上来看，它又与之有很大差别。前者是人们根据目前的环境条件和社会条件及发展的趋势，采用推断的方法对未来某一时段的环境质量进行预测；后者除了要考虑环境条件、社会条件及其发展趋势之外还要考虑人类活动本身对未来环境的影响，因此两者有着质的差别。这就是人们所熟知的环境影响评价，这也是本学科的重点内容。

五、环境质量评价的基本内容

①污染源评价。该评价主要的目的在于找出污染源、污染物的排放途径及方式，其往往通过调查、监测、分析来进行查找。治理措施和排放规律是其特点所在。

②环境污染现状评价。该种评价方式主要用于评价环境污染程度，其往往是通过对污染源及环境监测数据的结果进行分析而进行评价的。

③确定环境的自净能力。

④评价污染源及污染物对生态系统和人体健康的影响。

⑤费用效益分析。该项内容的主要任务在于对环境由于受到污染而造成的质量下降引起的直接性或间接性经济损失进行分析，并在此基础上对治理污染的费用及所得到的最终经济效益进行分析。

六、环境质量评价的作用和地位

环境质量评价是对环境要素优劣的定量描述。环境质量的高低，应该以它对人类生活和工作特别是对人类健康的适宜程度作为判别的标准。

环境质量管理离不开环境质量评价，因为它是环境质量管理的依据。我国各级环境保护领导部门要想贯彻“管治结以管促治”的方针，就迫切需要在各地进行环境质量评价工作，为搞好环境管理提供科学依据。人们要了解区域环境质量变化发展的规律实际上可以通过环境质量评价来了解，并在了解的基础上，为改善区域环境质量给出适宜的改善方案，从而为控制环境污染提供有力的科学依据。由此可见，区域环境污染综合防治的基础是区域环境质量评价，这一点毋庸置疑的，详细内容如图 2-1 所示。因此，只有在做好了环境质量评价之后，才能更好地搞好环境规划和区划工作。

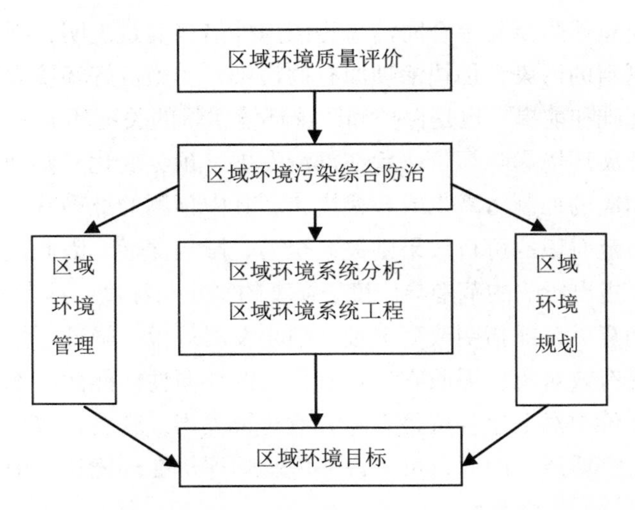

图 2-1　区域环境质量评价与环境污染综合防治关系抽象图

为了使我国环境保护工作做到以防为主，各类大型骨干工程必须大力开展环境影响评价工作。我国《环境保护法》规定：“一切企业事业单位的选址、设计、建设和生产，都必须充分注意防止对环境的污染和破坏。在进行新建、改建和扩建工程时，必须提出对环境影响的报告书，经环境保护部门和其他有关部门审查批准后才能进行设计。”同时其还指出：“在老城市改造和新城市建设中，应当根据气象地理、水文、生态等条件，对工业区、居民区、公共设施、绿化地带等作出环境影响评价，全面规划，合理布局，防治污染和其他公害，有计划地建设成为现代化的清洁城市”。

环境影响评价是环境建设和环境管理工作的重要组成部分。由于它具有不可代替的预知功能、导向作用、调控机制，已经引起了环境主管部门与各行业决策人员的重视。当人们对环境的现状及发展进行了较为深入的分析和预测后，便可通过环境影响评价来实现环境系统的信息开发，从而使人类获得相对可靠的生态环境、自然资源、经济发展信息等，如此一来，其又可以在该项工程，区域开发甚至是全国的生态保护、资源利用、经济规划、国土整治、厂矿管理等领域，充分发挥咨询、导向、决策、警告和反馈调节等作用。它不但可以较好地指导人们作出正确的判断与决策，还能在极大程度上促进经济效益、社会效益和环境效益三者的统一。

环境影响评价所具备的要点颇多，如其所获取的信息相对准确、全面，且可进行单项、多项甚至综合预测。不仅如此，环境影响评价还可以使管理者掌握环境污染、生态破坏的信息，并在此基础上进行控制。除此之外，它还能由单项控制转向总体防范与综合防治。经国内外诸多实践表明，开展环境影响评价是严格控制新的污染，加快治理原有的污染，实施良好环境规划，进行环境战略决策的基础和前提，也是保护和改善环境质量的关键环节之一。

总之，开展环境影响评价，旨在推测发展、预见变化、鉴别损益、权衡利弊以便采取相应的控制、减少或替代措施。其中预测的准确状况，利害得失的辨别释度，防范对策的可行效果则关系全局、影响深远。因此，环境影响评价的结果不单要指出影响的范围与广度、损害的轻重与深度，具有鲜明的警告性，而且还应明确意见，或指明改变选址、缩小发展规模、降低污染物排放量、加强治理措施等有效对策，因而它又具有很大的导向性。然而，不进行环境影响评价或影响评价中对上述各点稍有疏忽或对策失当，就会造成巨大的损失、浪费甚至铸成无穷后患。因此，可以说环境影响评价在环境建设中具有极其重要的战略地位。

第二节　环境质量现状评价

一、评价的基本程序

①确定评价目的。实际上，人们应当在确定评价日期后，再进行环境质量现状评价。评价的主要作用在于表明该次评价的性质、要求及评价的结果，其决定了评价区域的最终范围及评价参数和采用的评价标准。

②收集与评价有关的资料。基于不同的目标和内容，人们收集的资料也应当有所侧重。当评价对象为环境污染时，就需要对污染源及污染现状予以特别调查；如果评价对象为生态环境破坏时，就需要对人群健康的回顾性予以特别调查；倘若评价对象以美学评价为主，那么需要重点收集的资料便是与自然景观相关的。

③环境质量现状监测。经过相关资料的收集、整理及细微的分析后，人们要对主要监测的因子予以确定。区域环境污染的差异性决定了人们选择哪种监测项目，但需要强调的是，评价的目的是其主要依据。

④背景值的预测。背景值预测模式是监测能力有限或是目标区域相对较大时所使用的，其主要将监测到的污染物浓度值作为依据。

⑤环境质量现状分析。分析区域主要污染源及污染物种类数量。

⑥评价结论与对策。对环境质量状况给出总的结论并提出污染防治对策。

二、评价方法的分类

（一）环境指数法

环境指数法是最早用于环境质量评价的一种方法，该方法主要指在一定的时空条件下，环境质量是确定性的，同时也是可推理性的。其包括两部分，即一般指数类和分级指数类。环境指数法的评价因子特点：一是，理化指标；二是，通过专家咨询或民意测验而取得的评分值。

（二）模糊数学法

该方法主要指环境质量等级的界限并非清晰的，而是模糊的。同时，环境质量变化的界限也是相对模糊的。其细目包括三部分，即模糊定级法、模糊定权法、区域环境单元模糊聚类法。模糊数学法的评价特点：一是，采用理化指标；二是，通过专家咨询或是民意测验从而获得评分值。

（三）概率统计法

该方法主要指在一定的时空条件下，环境质量是可以随机变化的，这点与上述两种方法有所出入。它并没有明确的细目，且相对没有什么评价因子的特点，在评价过程中可以与其他方法搭配使用，起到互补的作用，使最终结果更为准确。

（四）生物指标法

该评价方法主要是指生物与它所生存的环境是一个相互统一的整体，且生物对其所处的生活环境质量变化十分敏感。其细目主要包括三部分：一是，指示生物法；二是，生物指数法；三是，其他。生物指标法的评价特点：一是，环境中生物的种变化和群变化；二是，生物的生理反应指标。

需要注意的是，生物指标也是可以利用统计及模糊数学进行分级和聚类的，且生物指数实际上也属于一种环境指数。

三、评价的基本内容

环境质量现状评价包括单个环境要素质量评价和整个环境质量综合评价。前者是后者的基础。根据各城市的规模、性质和污染程度，评价大致可以分为如下的步骤。

①污染源调查。人们通过对污染源的评价，以确定主要污染源、主要污染物，综合评价污染源对环境的潜在危害作用，确定污染源治理的重点。

②环境污染物监测项目的确定。其作用是在主要污染物化学性质分类的基础上，确定区域环境中主要污染物的监测项目，为评价提供参数。

③布设监测网点。根据区域环境自然条件的特点及工业、商业、交通和生活居住区等功能区分布特点，合理布设监测网点。

④获得环境污染数据。人们通过样品采集与分析测定，获得可靠的污染物在环境中污染水平的数据。

⑤建立环境质量指数系统进行综合评价。人们根据环境质量评价的目的，选择评价标准，对监测数据进行统计处理，确定环境质量综合污染状况指标。

⑥人体健康与环境质量关系的确定。人们通过计算各种与环境污染关系密切的疾病发病率与环境质量指数之间的相关性，确定人体健康与环境质量状况的相关性。

⑦建立环境污染数学模型。要以监测数据为基础，建立环境污染数学模型，结合室内模拟试验，选取符合地区特征的环境参数，建立符合地区环境特征的计算模式。

⑧环境污染趋势预测研究。人们要运用模式计算，结合未来工业、农业、交通等经济发展的规模和污染源治理水平，通过计算预测未来环境污染的变化趋势。

⑨提出区域环境污染综合防治意见。人们可以通过环境质量评价确定影响环境的主要污染源和主要污染物，根据环境污染的特征及环境污染预测结果，提出区域环境保护的近期治理和远期规划布局及设计的综合防治方案。

四、评价的基本方法

（一）环境污染评价方法

单因子污染指数的计算公式：$P_i=\dfrac{C_i}{S_i}$

其算术平均值：$\overline{P_i}=\sum_{i=1}^{K}\dfrac{p_i}{K}$

式中，P_i 为污染物 i 的污染指数；C_i 为污染物 i 的实测浓度；S_i 为污染物 i 的评价标准值；$\overline{P_i}$为污染物 i 的平均污染指数；K 为监测次数。

综合污染指数有以下几种形式。

叠加型指数：$I=\sum_{i=1}^{n}\dfrac{C_i}{S_i}$

均值型指数：$I=\frac{1}{n}\sum_{i=1}^{n}\frac{C_i}{S_i}$

加权均值型指数：$I=\frac{1}{n}\sum_{i=1}^{n}W_iP_i$

均方根型指数：$I=\frac{1}{n}\sum_{i=1}^{n}P_i^{\ 2}$

式中，I 为综合污染指数；n 为评价因子数；W_i 为污染物 i 的权系数。

（二）生态学评价方法

1. 植物群落评价

每个地区的植物与其所处环境都会有着千丝万缕的联系。我们用什么评价方式可以将这种联系予以说明呢？实际上，下列指标即植物数量，可以在极大程度上将该地区植被组成、类型及各物种相对丰盛度予以说明。

①优势度，即在群落中，一个种群绝对数量所占的优势相对程度。

②净生产力，即单位时间的生长量或产生的生物量。

③种群多样性，即群落的繁茂程度由种群数量和每个种群的个体量来进行反映，且它能将群落的“健康”情况及复杂程度也一并反映出来。通常使用辛普生指数，其式为：$D=\frac{N(N-1)}{\sum n(n-1)}$

式中，D 为多样性指数：N 为所有种群的个体总数；n 为一个种群的个体数。

由于指数受样本大小的影响，所以必须用两个以上同样大小的群落进行对比研究。

2. 动物群落评价

一个地区的植物情况决定了该地区动物的构成。因此，植物群落的评价结果及方法，在动物群落评价中都有重要作用。动物群落评价注重优势种、罕见种或濒危种，人们一般通过查物种表、直接观察等方法确定动物种群的大小。

3. 水生生物评价

水生态系统（包括河流、海洋）的生物在很多方面与陆生生物和陆生群落不一样。因此，采集的方法和评价的方法也不同。例如，由于藻类是水生生物王国中主要的食物生产者，如果水质、水温、水位、流量、有机质含量等发生变化，藻类的生产就会受到影响，因此某些评价工作就需要对藻类进行评价。在评价过程中，人们通常需要了解某一区域的组成成分，即某区域内有什么生物体存在；丰盛度，即某种水生生物在该研究区域内所有水生生物中的相对数量；生产力，为了说明某种生物在它的群落食物链中的相对重要性。水生动物包括范围很广，种类繁多，人们应根据评价的目的选择评价因子。

（三）美学评价法

审美准则是该评价法的基本依据，评价环境质量的文化价值是该评价法的根本任务，满足人们对安逸舒适的追求是该评价法的最终目标。

美感评分，是采用主观概率法计算美感值，其计算公式：$Q=\sum_{i=1}^{n}Q_iW_i$

式中，Q 为评价对象的美感值；Q_i 为第 i 个要素美感值；W_i 为第 i 个要素的权系数。

第三节　环境影响评价

一、环境影响评价简要概述

（一）概念

环境影响即人类活动对环境的作用和导致的环境变化，还有由此所引起的对人类社会和经济的效应。其中，环境影响可以按影响的来源、性质、效果、时间、阶段、空间划分为 7 种。这 7 种环境影响会给社会乃至全球带来不同程度的影响。

那么，什么是环境影响评价呢？实际上，它又被简称为环评（EIA），其主要指人们在完成相关规划和建设项目之后，对环境有可能造成的影响进行预测、分析、评估，并在此基础上，提出一些预防、治理或是改善不良环境影响的措施等，然后对这些提出的措施及对策进行跟踪检测。

（二）种类

1. 根据时间划分

（1）预断评价

预断评价是基于国家及地方的环境质量标准，对所需开发的活动有可能带来的环境影响进行判断，如其环境影响类型、范围、过程、程度等。除此之外，还需要对将要采取的环境保护实施效益及费用等相关内容进行细微分析，在此基础上，将所开发的活动效益与环境质量影响的程度进行比对、权衡。

（2）后估评价

后估评价又叫验证评价，即拟建工程建成、运行后验证影响评价的结论是否正确，这种评价可以认为是环境影响评价的延续，其主要是系统调查和评估开发建设活动实施后，其对环境造成的实际影响程度，并在此基础上对减少环境影响的多元化措施的落实程度及最终的实施效果进行细微检查。后估评价的存在是极其必要的，因为它不仅可以对环境影响评价的正确与否进行验证，还可以对人们所提出的环保措施是否有效予以判断。更重要的是，它还能对那些在评价过程中未被认识到的诸多影响进行分析和研究。如此一来便能达到切实改进环境影响评价的管理水平及技术方法，从而达到消除不利影响的作用。

2. 根据内容划分

（1）拟建项目环境影响评价

该评价是指人们针对准备建设的工程项目在施工、运行和服务期后对环境所产生的影响进行评价，并提出消减不利影响的评价措施。这种评价是环境评价体系中出现最早、技术最成熟，也是最基本最重要的评价。

（2）区域开发环境影响评价

该评价是指人们针对一个区域（或地区）的整体开发产生的影响进行评价。它具有战略性的意义，其重点是论证区域内未来建设项目的性质、规模、布局、结构、时序等实用环境质量评价，这种评价是随着人类活动的地域而产生的。例如，我国近年来的高新技术开发区、经济开发生态农业示范区等区域开发活动的环境影响评价。

（3）公共政策环境影响评价

该评价是对国家权力机构发布的政策所带来的影响进行评价。一项政策的出台，可能会给一个地区（国家）的发展带来根本性的影响（如我国的改革开放政策，西部开发政策等）。人们可以对政策实施后的影响及效果进行评价。这种评价更具有战略意义，是一种新兴的在我国还很少开展的评价。

3. 环保部的分类方法

根据环保部(今生态环境部)2011年发布的《环境影响评价技术导则 总纲》，将环境影响评价划分为两大类：专项环境影响评价和行业建设项目环境影响评价。然后，在此基础上相关部门又进行了更为详细的划分，具体内容如图 2-2 所示。

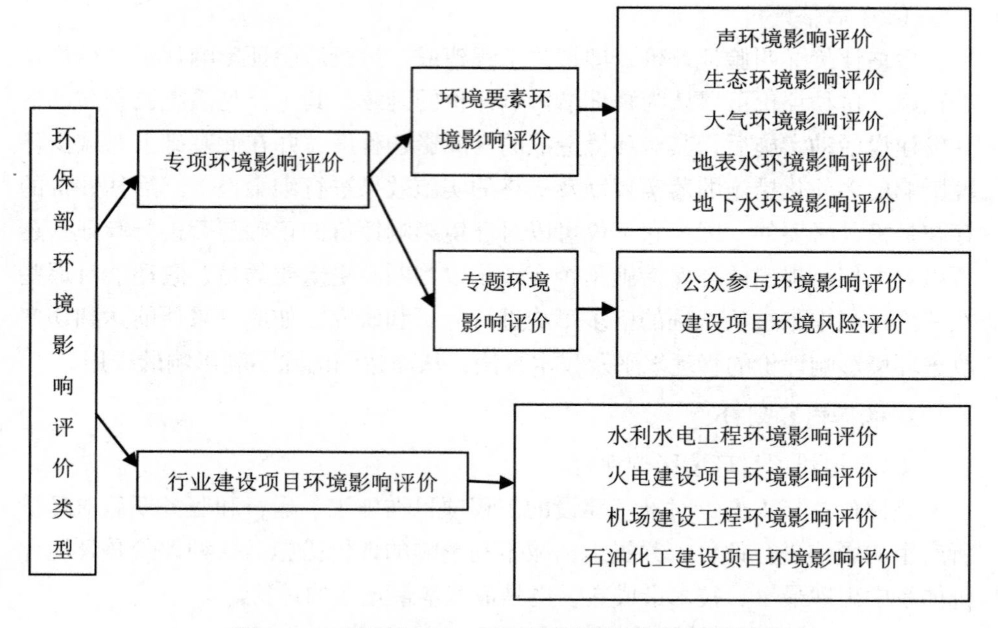

图 2-2　环保部 2011 年环境影响评价类型划分

（三）功能与作用

1. 功能

①判断功能。人们通过环境影响评价，可以确定出人类某项活动对环境影响的性质、程度等。

②预测功能。环境影响评价在人类某项活动实施之前，对可能产生的环境效应做出预判，因此环境影响评价具有预测功能。

③选择或决策功能。人们通过环境影响评价，可以确定出人类某项活动对环境影响的性质程度等，为选择或决策提供依据。

2. 作用

①环境影响评价可以明确开发建设者的环境责任及应采取的行动。

②可为建设项目的工程设计提出环保要求和建议。

③可为环境管理者提供对建设项目实施有效管理的科学依据。

④为决策者提供决策依据。

二、环境影响评价方法的选取

（一）单项评价方法及其应用原则

单项评价方法对各评价项目单个质量参数的环境影响，根据国家以及地方的相关法律、法规、标准予以评定与估价。单项评价并不是盲目性的评价，要有重点，对影响较为严重的参数应尽量对其影响的范围、大小、特点、重要程度进行评定与估价。当环境质量现状值不包含于预测值中时，那么在评价过程中，人们便需要将环境质量现状值进行叠加。在对某个环境质量的参数值进行评价时，需要根据各个预测点基于非相同情况下的该参数预测值进行评价。

（二）多项评价方法及其应用原则

在采用多项评价法时，可以对质量参数进行有重点的选择评价，而并非一定包括项目已预测环境影响的质量参数。对各评价项目多个质量参数综合评价的最佳选择是多项评价方法。建设项目如需进行多个厂址优选，人们要应用各评价项目的综合评价进行分析、比较，其所用方法可参照各评价项目的多项评价方法。

三、环境影响评价事故风险源项分析

（一）源项分析步骤

1. 划分各功能单元

建设项目通常包括生产运营、生产辅助、公用工程、储运、消防安全、环境保护系统等，这些都是基于建设项目工程系统的功能而划分出来的。我们将各个功能系统再细化为单元，将各功能系统划分为功能单元，每一个功能单元至少应包括一个危险性物质的主要贮存容器或管道，并且每个功能单元与所有其他单元都有单一信号控制的紧急自动切断阀。

2. 筛选危险物质

确定环境风险评价因子，分析各功能单元涉及的有毒有害、易燃易爆物质的名称和贮量，列出各单元所有容器和管道中的危险物质清单，包括物料类型、相态、压力、温度、体积或重量。

3. 事故源项分析和最大可信事故筛选

根据清单，采用事件树或事故树法，或类比分析法，分析各功能单元可能发生的事故，确定其最大可信事故和发生概率。

（二）泄漏量计算

1. 泄漏设备分析

不论是建设期，还是施工期，由于设备损坏或操作失误引起的有毒有害、易燃易爆物质泄漏都会导致人们中毒、火灾、爆炸，继而污染环境，伤害厂外区域人群和生态，因此泄漏分析是源项分析的主要对象。

2. 泄漏物质性质分析

环境风险分析用以确定每种泄漏事故中泄漏的物质性质，与环境污染有关的性质有相（液体、气体或两相）、压力、温度、易燃性、毒性。由上述性质结合的几种泄漏物在环境风险评价中特别重要。

3. 泄漏量计算

（1）液体泄漏速率

液体泄漏速度用 Q_L 伯努利方程计算：$Q_L = C_d A_p \sqrt{\frac{2(p-p_o)}{p}} + 2gh$

式中，Q_L 代表的是液体泄漏的速度（kg/s）；C_d 代表的是液体泄漏的系数，该值的取值范围为 0.6 ～ 0.64；A 通常用来代表裂口的面积（m^2）；p 代表的是容器的内介质压力（Pa）；p_o 代表的是环境压力（Pa）；g 代表的是重力加速度（9.81 m/s^2）；h 代表的是裂口上方液位的高度（m）。需要注意的是，在使用该方法时，有一定的限制条件，即液体在喷口内部时，不应当有急剧蒸发。

（2）气体泄漏速率

当气体流速在音速范围（临界流）：$\frac{p_o}{p} \leqslant \left(\frac{2}{k+1}\right)^{\frac{k}{k+1}}$

当气体流速在亚音速范围（次临界流）：$\frac{p_o}{p} > \left(\frac{2}{k+1}\right)^{\frac{k}{k-1}}$

式中，p 代表的是容器内介质压力（Pa）；p_o 代表的是环境压力（Pa）；k 代表的是气体的绝热指数，即定压热熔 C_p 与定容热容 C_r 的比值。

（3）两相流泄漏

两相流泄漏的速度：$Q_{LG}=C_{\mathrm{d}}A\sqrt{2p_m}\left(P-P_{\mathrm{c}}\right)$

式中，Q_{LG} 代表的是两相流泄漏的速度（kg/s）；C_d 代表的则是两相流泄漏的系数，我们通常会取 0.8；A 代表的是裂口的面积（m^2）；P 代表的是容器的压力或是操作压力（Pa）；P_C 代表的是临界压力（Pa），我们通常取 P_C=0.55 p；p_m 代表的是两相混合物的平均密度（kg/m^3）。

四、环境影响评价工作程序

环境影响评价工作大体分为以下三个阶段，如图 2-3、图 2-4、图 2-5 所示，而这三个阶段也正是环境影响评价的基本工作程序。

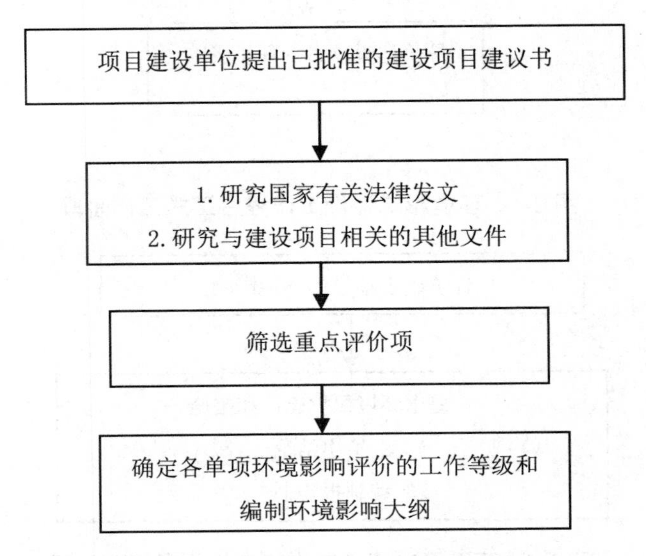

图 2-3　环境影响评价工作程序准备阶段

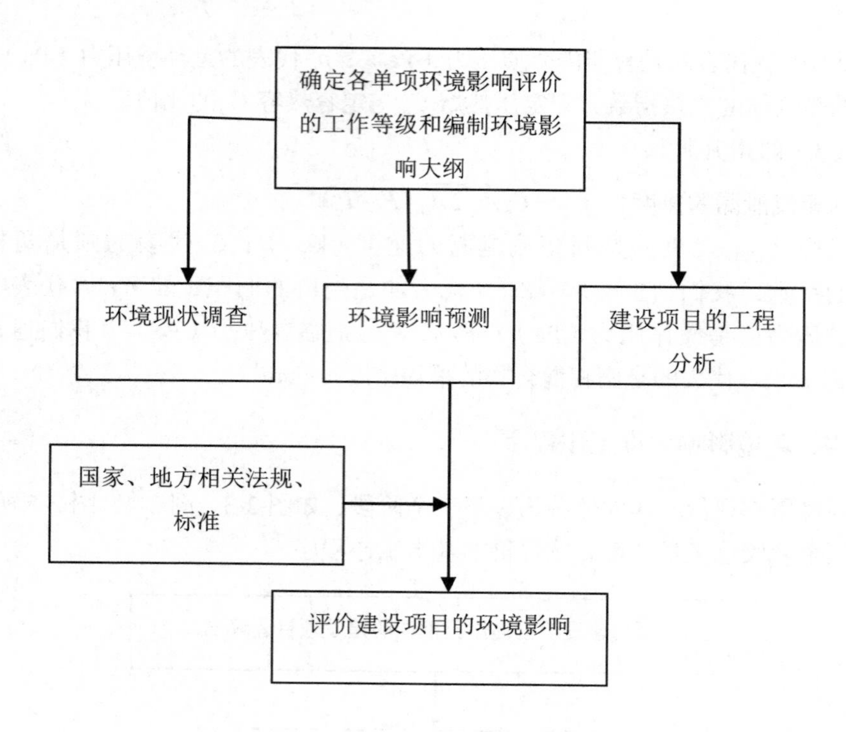

图 2-4　环境影响评价工作程序正式工作阶段

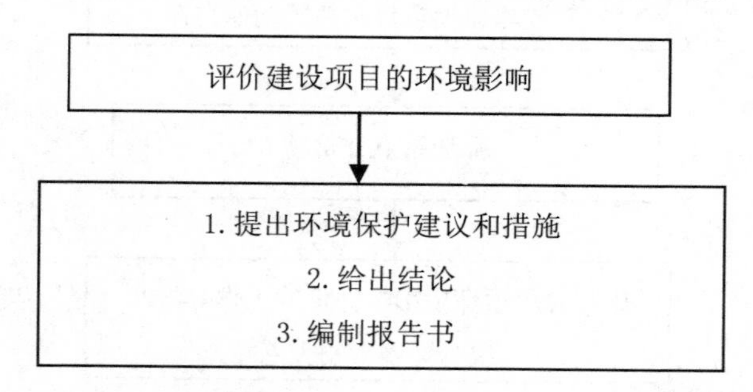

图 2-5　环境影响评价工作程序报告书编制阶段

（一）准备阶段

由建设单位向环保审批部门提交批准的建设项目建议书。环保审批部门确定项目的影响类型。需要影响评价的工程由项目建设单位委托具有相应评价资格的评价单位进行评价。评价单位接受项目后，研究有关文件进行初步工程分析、环境现状调查，筛选重点评价对象，确定环境影响评价的等级（一、二、三），编写评价大纲。

（二）正式工作阶段

在准备阶段的基础上，对工程做进一步的环境影响评价是该阶段的主要任务所在，并在此基础上做好充分的环境现状调查工作、环境监测工作，同时开展环境质量现状评价工作。在此之后，人们再依据环境现状资料及污染源的强度进行整个建设项目的环境影响预测，进而对建设项目的环境影响进行评价，同时做好公众意见调查工作。如果该建设项目需要对多个厂址进行比选，那么相应的预测和评价也需要去各厂址进行，最后推荐对环境质量不造成危害或极小危害的最佳厂址方案。但如果厂址的选择出现了否定结论，那么便需要重新选择厂址，并重新对厂址进行环境影响评价。

（三）报告书编制阶段

该阶段的主要任务是对准备阶段及正式工作阶段工作的汇总，并在此基础上，对正式工作阶段工作所获得的资料、数据进行进一步分析，在得出相应分析结论之后，再完成环境影响评价报告书的编制工作。

五、环境影响工作等级划分

拟建项目对环境有影响这是绝对的，至于影响的程度有多大，这却是相对的，所谓相对是相对于项目的规模性质，还有项目所在地的环境条件而言的。在同一地区建设不同性质，不同规模的项目，对这个地区的环境影响是不同的；同一规模和性质的工程项目建在不同的地区，所产生的环境影响也是不同的。因此，在开展环境影响评价之前（环境影响评价的准备阶段），人们必须对拟建项目的本身特点及项目所在地的环境特点进行研究，确定出项目对环境的影响程度，并根据影响程度划分出评价的等级。评价等级一方面反映了拟建项目对环境影响的大小，另一方面也反映了在环境影响评价过程中，所开展工作的详细程度和要求。因此，评价等级的划分决定着评价结果的精度和可靠性，等级划分是评价工作中最重要的内容之一，必须认真对待。

（一）评价等级划分的依据

其一，拟建项目的工程特点，主要包括工程性质、规模、资源的使用量及类型、污染物排放；其二，拟建项目所在地的环境特点，主要有自然环境的特点、社会经济环境状况、环境质量状况及环境的敏感程度；其三，国家或地方政府所颁布的有关法规。

（二）评价等级划分的原则

在评价等级划分过程中，人们一般将评价等级划分为一、二、三级。一级评价要求对环境影响行全面、详细、深入评价；二级评价要对环境影响进行较为详细、深入评价；三级评价可只进行环境影响分析。低于三级的项目，不需要编制环境影响评价报告书，只需填写建设项目影响报告表。一般情况，建设项目的环境影响评价包括一个以上的单项影响评价，每个单项影响评价的工作等级不一定相同。

六、环境影响评价大纲

①总则（包括评价任务的要素、编制及控制污染和保护环境的目标，采用的评价标准，评价项目及其工作等级和重点等）；

②建设项目概况；

③报建项目地区环境简况；

④建设项目工程分析的内容与方法；

⑤环境现状调查；

⑥环境影响预测与评价建设项目的环境影响；

⑦评价工作成果清单，以及提出的结论和建议的内容；

⑧评价工作有组织，计划安排；

⑨经费预算。

七、环境影响评价区域环境质量现状调查

（一）调查原则

根据建设项目所在地区的环境特点，结合各单项评价的工作等级，确定各环境要素的状况及调查范围，筛选出与调查相关的参数。原则上调查范围应大于评价区城，特别是对评价区域边界以外的邻近地区，若遇有重要的污染源时，其调查的范围应当适度放大。

（二）调查方法

调查的方法有搜集资料法、现场调查法和遥感法。

①搜集资料法的特点：应用范围较广，且能够在一定程度上节省时间、人力和物力，最终收获也较大。但它同时也具有一定的局限性，如不能获取第一手资料，使用该方法往往需要进行二次补充资料。

②现场调查法的特点：它能够获取第一手资料，可以对搜集资料法的不足给予补充。但它同时也具有一定的局限性，其只能在整体上对环境的特点予以了解，而且人们不容易开展现状调查，同时对地区环境的现状不能深入了解。

③遥感法的特点：它的工作量较大，且所需的人力、物力和时间也相对较多。它的局限性在于，受季节和仪器条件的限制，不适合进行微观环境的调查，精准度相对较差等。

人们在通常情况下会将上述三种方法进行结合使用，这样便可使最终的调查达到最佳效果。

（三）调查内容

环境现状调查的主要内容有以下几项。

①地理位置。

②地貌地质和土墙情况；水平分布和水文情况；气候与气象。

③森林、草原、水产和野生动植物，农产品、动物产品等情况。

④大气、水、土壤和环境质量情况等。

⑤环境功能情况及重要的政治文化设施。

⑥社会经济情况。

⑦人类健康状况及地方病情况。

⑧其他环境污染和破坏的现状管理。

八、环境影响预测内容

（一）预测内容

对评价项目环境影响的预测是指对代表评价项目的各种环境质量参数变化的预测。特征参数和常规参数是构成环境质量参数的重要组成部分。前者反映该评价项目与建设项目有联系的环境质量状况，后者反映该评价项目的一般质量状况。除此之外，预测内容还包括各评价项目应预测的环境质量参数的类别和数目。

（二）预测方法

目前诸多评价中，最为常用的预测方法有奥比调查法、专业判断法及模型计算法。

1. 奥比调查法

由于奥比调查法具有事定量的性质，仅有一定的相关性，所以只能是在无法取得有关参数和数据，评价时间又较长时，在一般建设项目的环境影响预测中使用。

2. 专业判断法

专业判断法用于对某些特定保护目标（如文物、古迹、景观等）进行定性分析。由于此法的局限性很大，不能普遍采用。

3. 模型计算法

模型计算法比较简便，只要输入一定的计算条件和参数，即能得出定量的预测结果。虽然求取参数需要运用测试手段，但与其他方法相比，科学性和实用性都较强，因此在评价中应首先考虑采用。在使用模型计算法进行预测时还应注意模型应用条件，如果宏观条件不能满足实际要求，则必须对模型进行修正或验证。

（三）地域范围和点位布设

1. 预测的地域范围

预测地域范围取决于评价工作等级，在一般情况下，大多数建设项目的预测地域范围是等于或略小于现状调查范围的。对于具有特定评价点的评价，具体评价时人们应将其作为特殊情况进行预测。

2. 预测点的布设

为了全面反映评价区内的环境影响状况，便于污染贡献值和现状值叠加，预测点和现状监测点均应布设在网一点位上。布点数量和位置应视工程与环境特征及环境功能要求而定。

（四）阶段和时期

如前所述，建设项目的环境影响共分三个阶段和两个时期。因此，预测工作原则上也应与此相对应。但是，对于污染物种类多，数量大的大中型建设项目，人们除了预测正常排放和不正常排放情况下的影响外，还应预测各种不利条件下的影响。

资源开发类型的建设项目应预测服务期满后的影响。环境影响预测应考虑各时期的环境自净能力。如果评价工作等级要求较低时，可只考虑自净能力最弱的一个时期，或者忽略其自净能力。

九、环境影响评价实例

某铜矿位于江西省武夷山脉北麓信江的主要支流铅山河畔，是江西铜基地的主要铜矿山。该矿是以开采铜为主，同时开采铁、铅、锌、金及银等矿物的综合性大型铜矿矿床。其位于湿润多雨的亚热带地区，附近地貌为低山、丘陵地区。矿山夹于铅山河支流桐木江及杨村河之间。

该矿采用露天开采方法，铜矿开发时改变了矿区的地彩、地貌，破坏了当地的景观和植被，引起了大量的水土流失，并在露天开采过程中，矿石氧化，经雨水淋蚀，采场及废石场酸性水增多，使排入交集河的金属污染物不断地增多，造成河流水质严重恶化，并逐渐地污染松山河及信江。在河流两岸均有利用河水灌溉的稻田，导致了农田生态系统的金属污染。同时在河流泥土中金属金属污染物堆积，使河流水生循环系统遭到破坏，造成某些河段鱼虾绝迹。

某铜矿开发的环境影响评价程序，如图 2-6 所示。该评价程序主要是对当地的环境现状进行了较为仔细的调查，当相关工作人员获得了环境监测的大量相关资料之后，开始对环境质量进行现状评价，且在此过程中对各种环境变化参数进行更深一步的研究，从而预测其今后的环境质量变化，使环境影响评价工作尽可能深入。

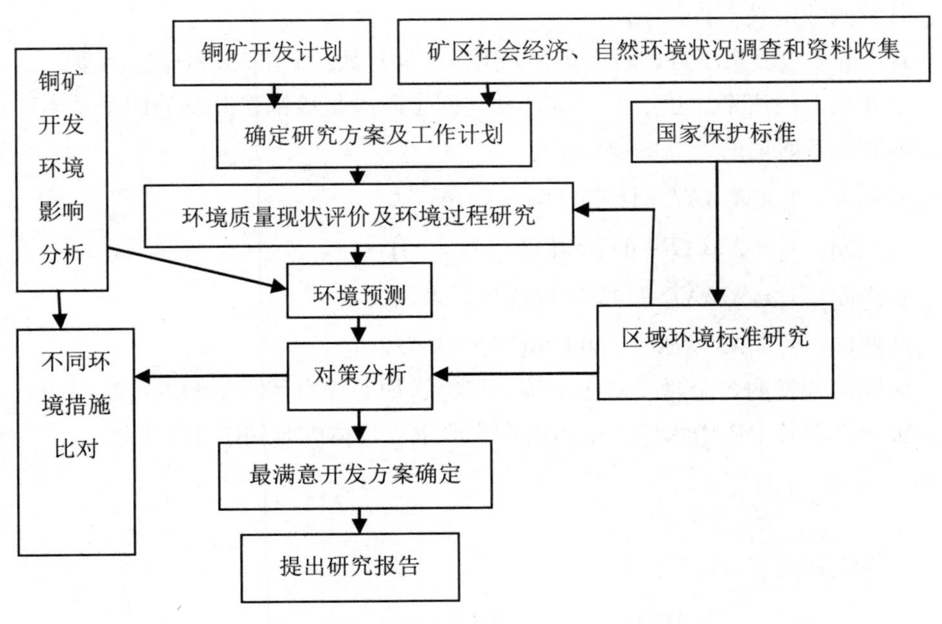

图 2-6　某铜矿环境影响评价工作程序图

为了评价铜矿开发的环境影响，相关工作人员抓住了重金属污染这个主要矛盾，将治理开发的环境影响划分成四个子系统，即铜矿开发系统、水土流失系统、酸性水系统及金属污染物迁移累积系统，将该矿区环境金属污染规律用系统分析的方法予以揭示，并对可能造成环境影响及效应的铜矿的不同开采阶段予以预测，且在预测的基础上提出相应的保护环境措施，建立适用于当地环境条件的酸性金属浓度预测多元回归模型、河流金属污染物迁移累积模型、土墙重金属污染与累积模型等，预测了铜矿开采后的水土流失状态，酸性水排放中金属性污染物浓度变化，农田土壤中金属污染物迁移累积状况。相关工作人员通过开展环境经济损查分析，提出了矿山开发的环境保护措施及酸性水综合防治措施规划。

（一）铜矿开发的环境影响分析

在该例铜矿的环境影响评价工作中，为研究铜矿开发对铅山河的影响，相关工作人员根据选择开发程度指标的原则，进一步结合大型露天矿山对环境影响的特点，确定以累积的矿石产量为该铜矿开发程度的指标。

利用开发程度指标得到该铜矿开发函数，用以表示整个开发过程中各时期的开发程度。

开发函数定义：$Y=aT+b$

式中：Y 代表累积月矿石产量；T 代表开发月数；a 和 b 分别代表系数。

基建期、投产期、达产期、减产期这四个阶段是该铜矿开发的四个基本阶段。因此，各时期的开发函数如下。

基建期：$Y_1 = X.XXT + 189.5(1 \leqslant T \leqslant 36)$

投产期：$Y_2 = X.XXT + 477.58(37 \leqslant T \leqslant 48)$

达产期：$Y_3 = X.XXT - 745.3(49 \leqslant T \leqslant 288)$

减产期：$Y_4 = XX.XXT - 3609.36(289 < T < 324)$

该铜矿开发的各个阶段对于土壤、植物、地势等自然因素和农业生产均有明显影响，但其中矿山水体环境污染最为严重，具体内容如图 2-7 所示。

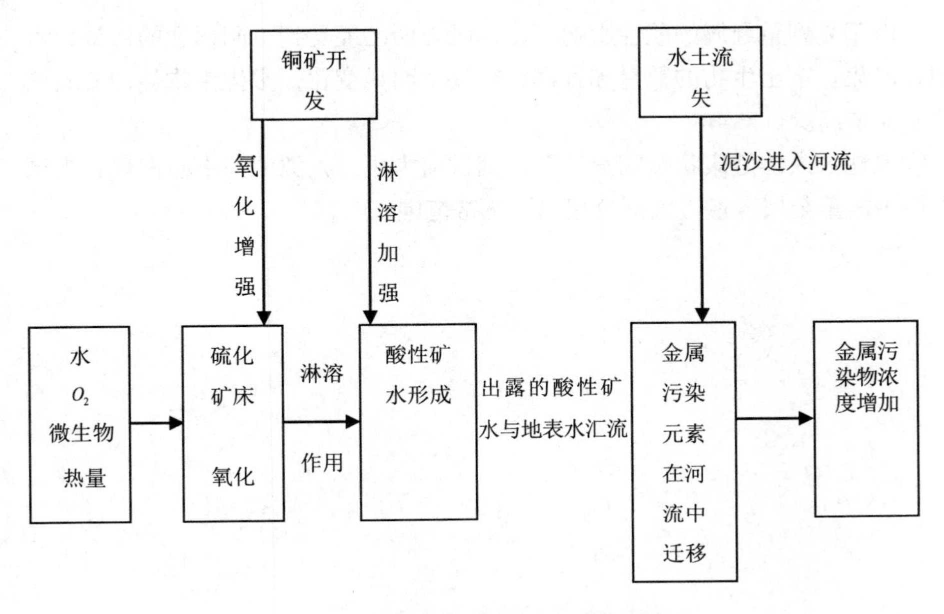

图 2-7　酸性矿水对环境的影响

（二）地区环境条件评价

经过对该地区的地质、气体、土壤、风化带、植被及社会经济条件研究分析后，结合铜矿开发环境影响评价的目的，相关工作人员对该地区环境条件作出如下评价。

①该地区有充分的水分、热量，以准备过程为主的地周化学过程十分发育，一旦进行开采活动使矿床改变了氧化条件，含大量金属的硫化矿床酸性水将迅速形成。

②基于该地区土壤和河水中碳酸盐含量甚微，并且土壤和河水均呈微酸性，因此 Ca、Fe 等金属元素随酸性矿水进入环境后较难固定，且其中数量最大的 Ca 和 Fe 将随河水迁移很远距离，使金属污染物影响范围不断扩大。

③古代长期的采矿活动就曾经在该地区造成酸性水污染问题。但在停止采矿的 300 余年间，随着植被恢复，酸性水污染逐渐消失，直至 1958 年该矿再次开采后，又再次出现酸性矿水对环境的污染问题。

（三）地区环境质量现状研究

①根据土壤中相关金属元素及酸度的测定分析，该地区农业生态系统因受铜矿开采和铜矿基建的影响已经受到一定程度的污染。

②由于受到重金属的酸性影响，该地区地面已经受到不同程度的污染，水质明显恶化。本土生物的数量和种群结构发生明显变化，水生生物体内 Cu、P 量均明显增高。

③该地区人体健康状况调查表明，到目前为止，人类尿检中心发现，当地人尿样中的重金属含量，大部分超出了正常范围。

第三章　矿区循环经济的理论基础

国际社会为应对20世纪末期全球人口总量不断上升、资源短缺、环境污染和生态畸变的严峻形势而提出了一种新型经济发展模式，即循环经济。世界上许多国家认为发展循环经济、建立循环型社会是一种能够实现人类社会和资源环境可持续发展的方式，也是遵循人与自然和谐生态规律的科学体现。我国早已引进了循环经济的相关理论，并将其应用到了矿区的发展之中。本章主要分为循环经济的理论基础、循环经济的原则与模式、矿区循环经济的发展现状以及国外矿区循环经济的经验借鉴四个部分。

第一节　循环经济的理论基础

一、循环经济概述

（一）循环经济的相关观点

自20世纪90年代以来，西方发达国家发展了一种新的经济发展模式——循环经济。为了体现循环经济的理想，人们提出了“零排放工厂”“晶体生产生命周期”和“环境设计”等相关概念。定义循环经济类别有很多不同的观点和方法，一般人们围绕再生等几个关键字去定义，还有就是从人与自然的关系定义，并且有人从经济与社会的关系定义，有人从新的经济形式入手对其进行定义，还有人从知识经济的角度对循环经济的概念进行阐述，有专家学者在技术范式层面对循环经济进行研究。其中，具有代表性的观点有以下几种。

1. 国外研究人员的观点

美国经济学家本尼迪克特·博灵于1960年首次提出了循环经济，他认为循环经济是指包括人、资源和技术在内的，在输入资源、生产企业、资源消耗及其解散的整个过程中，将传统的资源消耗的经济增长方式转变为生态资源发展的增长方式。

2. 我国研究人员的观点

我国研究人员周宏春将循环经济定义为：旨在借助废物和废料的回收与再利用来发展的经济。他认为循环经济应以在产品生产和产品消费的过程中减少资源投入和减少向自然环境中排放污染物为主要目标，尽量减小经济发展对自然环境的破坏，实现低投入、高效益的目标。

李赶顺教授指出循环经济从根本上讲属于生态经济，是遵循生态学规律开展人类活动的经济活动。相比传统经济思想和经济模式，循环经济的主要特点是倡导物质的循环利用。循环经济要建立起反馈式的经济发展流程，产品生产过程中使用的物质和能源在这个经济循环中要得到合理和持久地利用，从而减少废弃物的产生量，降低其对环境的污染，从而切实保护生态环境，并实现经济发展。

解振华认为循环经济将生态环境作为影响经济增长的主要因素，将自然生态环境视为是创造财富的重要资源。循环经济是一种提高社会成员生活质量的一种经济形势。传统的经济发展模式中物质流动是开放式的，但循环经济的物质流通模式是循环式的。

齐建国关于循环经济的主要观点和解振华的主要观点基本一致，但又有些不同。他认为循环经济是发展技术上的革新，是中国新兴工业化的最高形式。循环经济要发展出一种新的经济形态。对人和自然环境之间的关系进行调整是循环经济的一个重要特征。

冯之浚认为循环经济是一种范式。在他看来，随着世界人口的增长和经济的快速发展，环境问题越来越严重，人类生存和发展必需的能源消耗量也在不断上升，大有消耗殆尽的趋势。循环经济是在生产过程中就解决经济发展和环境之间的矛盾，而不是在生产完成后再解决经济发展与自然生态环境之间的矛盾。发展循环经济旨在提高资源利用率。

朱红伟提出循环经济是一种经济运行范式，同时重新定义了价值标准和经济效率。政府制定出一系列的法律法规对人类的行为和活动进行制约，在经济的发展过程中，人类逐渐认识到了自然生态系统对于经济发展的制约作用。人类转而开始思考在自然生态环境的制约下，怎样获得最大规模的经济效益，如何形成像自然生态系统一样能够实现物质循环流动、循环利用的发展系统。针对经济发展和环境资源之间的矛盾，政府可以指定相关的法律法规对其进行规范和引导，在宏观政策方面提出实际的解决方案。

早在 20 世纪 70 年代，曲格平就开始从事环保工作。在几十年的工作中，他目睹了我国自改革开放之后的生态环境变化和经济发展。由此，对于循环经济，他也有自己的见解。在他看来，循环经济是人们对自然生态系统的模仿，是人们参照自然生态系统物质循环和能量流动规律之后提出的一种经济系统模式，并使得经济系统被纳入自然生态系统的物质循环过程中。他将经济系统与生态系统的协调性作为起点，认为循环经济是以保护环境、节约资源为主要目标的经济，是最大程度减少资源投入和污染物排放的经济发展模式。循环经济的发展模式遵循生态学规律。循环经济和传统的粗放型经济发展模式相比最大的区别是循环经济是经济发展与生态环境协同发展的经济发展模式。循环经济的经济发展流程是反馈式的，注重降低资源投入、提高利用率，降低废弃物排放。循环经济的发展模式要求生产环节中投入的资源和能源都能得到充分的利用，从而降低经济发展对生态环境的影响。循环经济为传统经济发展模式转型提供了必要的理论指导和实践方式的指导，能够在理论层面和实践层面为环境和经济之间的问题提供解决思路。

诸大建教授认为循环经济是为了解决工业革命以来人类生产活动需要消耗大量的能源物质，排放大量的废弃物的直线型经济发展模式的问题而提出的。在传统的直线型经济发展模式中，工业生产要在自然环境中获取大量的资源和能源，并将生产中产生的废弃物排放到自然环境中去。但是，循环经济是一种经济发展和自然环境和谐共生的发展模式。循环经济主张在工业生产中循环利用资源、能源和废弃物，尽量减轻环境压力。

梁湖清提出循环经济只是一个简称，其全称是“资源与物质闭循环流动型经济”。循环经济的主要特征是实现资源、物质和能源的循环利用。循环经济主张在经济发展中减少资源和能源投入，降低污染物的产生率，提高产品的使用寿命和服务强度，从而提高资源利用率。

（二）循环经济的概念

循环经济属于生态经济，是一种提倡社会发展、经济发展和生态发展相和谐的一种经济发展模式。循环经济按照生态系统的原则，在经济系统中形成多个资源循环利用和资源循环再生的网络，使其形成“资源—产品循环资源”的闭环反馈流，并具有适应性和自我调节功能，从而使生态循环的需要得到满足。循环经济将高效的生态经济系统与生态环境系统的结构和功能结合起来，使物质、能量、信息得到充分利用，实现环境与可持续发展所需经济的双赢，即促进经济增长而不退化甚至改善资源。

循环经济的概念有广义的循环经济和狭义的循环经济两种。其中，广义的循环经济是指高效利用自然资源和以建设环境友好型社会为核心的生产与再生产活动。广义的循环经济包括节约自然资源、实现自然资源的综合利用、充分回收旧物实现再利用、保护环境等产业形态，采用清洁生产、物质流分析、环境管理等技术手段，实现以最小的资源投入获得最大的经济效益和生态效益的发展目标，最终实现社会和谐发展的目标。狭义的循环经济是指在经济发展的过程中借助废旧物资的再利用、再循环等手段进行社会生产。

二、循环经济的特点

（一）新的系统观

循环经济这个庞大的系统包括人、自然资源和科学技术等要素。其中，人类是循环经济整个系统中最重要的一个要素。循环经济在客观层面要求人类在进行生产和消费时将自身的位置摆放在循环经济这个系统之内，将自身视为是循环经济这个系统的一部分，在此基础上对客观经济规律和经济发展的原则进行分析和研究，使人的主观能动性得到充分发挥。处理好发展和保护生态环境的关系，将生态系统建设作为可持续发展的重要工作。

循环经济的整体方法要求将经济活动组织成“自然资源—产品—产品—废物—再生—资源”循环的闭环经济，产品生产过程中要充分利用所有原材料和自然资源，尽可能降低经济生产对自然环境的损害。它还要求将人作为系统的一部分放在系统中。因此，要实现自然资源的循环利用必须要协调社会再生产系统中各要素之间的关系。

（二）新的效率观

循环经济最主要的一个特征是新的效率观。在循环经济的发展理论中，要尽量使用能够循环利用的资源代替不可再生的自然资源，如使用高新技术，以知识投入替代生产活动中的资源投入，从而实现经济发展、社会发展和生态发展相和谐，从而促进人类社会的发展。

（三）新的资源观

传统经济学的观点中的资源观是对自然资源进行充分开发和利用，尽可能多地为社会创造财富。循环经济的资源观是人们在利用资源的同时要考虑生态系统的承载能力，最大程度地节约自然资源，提高自然资源的利用程度和使用效率，实现自然资源的循环利用。

在生态环境方面，循环经济的资源观是资源价值和环境价值的反映。发展循环经济能够降低资源破坏程度，减少资源浪费，从而形成新型的资源供应渠道。目前，许多西方国家已经将资源开发的重心转移到废弃物资源的回收上，已经开创了一种新的原材料供应渠道。

（四）新的经济价值观

循环经济理论不仅对传统的工业经济要素进行了充分考虑，如资本劳动力的循环，而且运用生态学规律考虑生态承载能力，把自然界看作人类生存和发展的重要基石，主张社会经济发展要对生态系统的良性循环进行必要的维持，而不再像传统工业经济那样毫无节制地在生态系统中获取资源并向生态系统中无限制地排放废弃物。人类社会的经济生产活动若超过了生态系统的承载能力将会造成恶性循环，使生态系统发生退化。这就要求人类的经济生产活动要符合生态系统的承受能力，从而实现生态系统的良性发展。

（五）新的效益观

循环经济不仅带来了新的环境效益，而且给人们带来了巨大的经济效益。西方发达国家已经建立起来一个相对完善的废物资源回收的工业体系。据不完全统计，目前世界主要发达国家可再生资源总收集价值已达 2500 亿美元，年增长 15% ～ 20%。在生产活动中使用可再生资源，能够充分节约不可再生资源，减少废弃物的排放量，而且利用可再生资源比利用天然原料进行生产减少了能源消耗和污染物排放。

（六）新的节约观

循环经济要建立在生态系统的承载能力的基础上，充分节约自然资源，实现自然资源的循环利用，提高自然资源的利用率。

循环经济的理论主要是适度消费和层次消费，在消费活动中思考再利用废弃物和废弃物资源化的问题，打破传统经济思想中“拼命生产、拼命消费”的错误观念。与此同时，循环经理理论主张政府要使用行政手段和税收政策对不可再生资源的使用加以限制。

三、循环经济的理论基础

（一）循环经济原理

循环经济是针对粗放型经济提出的一个概念。从本质上讲，循环经济属于生态经济，主张人类社会的经济活动要遵循生态学规律。在经济发展中采用循环经济的发展模式主要是为了保护自然生态环境，使人类社会和自然环境能够可持续发展。想理解循环经济要从以下几方面入手。

1. 循环经济的起源

在没有人类活动的破坏的情况下，自然生态系统可以借助于能量转化和物质循环保持自身的平衡发展。各种物质在自然生态系统中不断地流动循环，绿色植物通过光合作用将阳光转化为生产物质，自然界中的各种生物将其吸收分解，并将其排泄到土壤之中，土壤中的微生物将这些物质分解为植物生长需要的营养物质，然后再次被植物吸收利用。

在这个能量循环系统中，只有太阳的光照是自然生态系统外部的能量，太阳只要不断为生态系统提供能量，生态系统就能一直维持下去。循环经济这一系统参照了自然生态系统中能量循环的模式，力求经济发展模式也能够实现资源和能源的循环利用，从而实现可持续发展。

2. 循环经济的目的

发展循环经济旨在保护自然生态环境，使人类社会、社会经济和自然环境能够可持续发展。传统的粗放型经济发展模式只注重经济增长，不注重在发展经济的过程中节约资源和能源。循环经济的发展模式注重人类社会、社会经济和自然生态环境的共同发展。

一方面，循环经济充分利用可再生资源和废弃物，减轻了生态环境的负担，提高了自然资源的可持续利用率；另一方面，循环经济的发展模式会控制废弃物的排放量，为生态环境的承载能力减轻了压力。这两方面有利于解决能源消耗和生态环境污染的问题。

因此，循环经济能够促进人类社会、社会经济和生态环境的可持续发展。

3. 循环经济的发展

在循环经济发展模式逐渐取代传统经济发展模式的过程中，一些传统经济理论并不会因此被废弃掉，可能会在改进之后继续使用。这就需要人们根据循环经济发展的实际需要，创立适应循环经济发展的新理论。

（二）增长的极限理论

20 世纪 70 年代初期，以人口、资源和环境为主要内容，以人类的未来为中心的“罗马俱乐部”成立，并发表了其研究结果。

这个研究结果认为社会经济的发展有五个趋势，这五个趋势之间相互影响、相互制约，这五个趋势是工业化加速发展、人口剧增，粮食私有制、不可再生资源枯竭及生态环境日益恶化。

工业、人口、粮食、不可再生资源及生态环境都是有极限的，如果它们达到极限，就可能导致人类社会毁灭。

（三）层次原理

循环经济包括三个层面，即社会层面、区域层面、产业层面。这三个层面覆盖的范围、包括的内容、容纳的个体之间存在差异，因此循环经济体系针对不同问题，要形成具有不同功能的循环经济发展模式。即使是在相同层面，由于不同的问题会涉及不同的自然环境、经济发展需求等条件，因此还需要与具体情况相适应的循环经济体系发展模式。

因此，在建立循环经济体系或模式时，首要工作是明确在哪个层面、哪个系统、哪个产业或行业建立循环经济模式，从而明确建设要求。

（四）生态系统理论

生态系统理论是循环经济最重要的理论基础。生态系统是指通过物质循环的能量流和信息传递，由生物成分（生物群落）和非生物成分（物理环境）在一定空间内形成的功能整体。

生态系统是持续发展的，具有动态性的特点。如果生态系统的外部环境和能源供应达到相对稳定，那么生态系统将逐渐向物种多样化、系统结构复杂化、系统功能更加完善的方向发展，直到生态系统发展成熟为止。生态系统的功能和结构实现相对稳定时，系统中的生物和生态环境都会非常适应，生物种群结构和生物数量比例更加稳定。

自然环境和物质流是人类社会的生命线，人类社会是一种以社会系统为子午线的人工生态系统，即社会经济自然复杂的生态系统。人类与自然资源、生态环境之间的问题主要是生态系统中组成要素之间的关系不平衡造成的。人类是生态系统的组成要素，而且还受自然规律的约束。它们也是控制生态系统的最活跃的因素。如果人类充分掌握了生态系统的发展规律，将会使生态效益和经济效益得到充分提高。

（五）系统原理

1. 研究内容

系统原理的主要研究内容是系统的一般模式、结构和规律，它也对各种系统的共同特征进行分析和研究，采用数学方法对其功能进行描述，以求探索出适用于一切系统的原理、原则和数学模型。系统论这门学科兼具逻辑性质和数学性质。

2. 思想方法

系统原理的基本思想方法是将需要研究和分析的内容看作是一个系统，然后对其结构和功能进行分析与研究，循环经济中的系统原理主要是研究系统、要素、环境三者的相互关系和变动的规律性，使用优化系统观点对问题进行思考。

3. 系统的特点

根据系统原理，系统具有普遍性，世界上的所有事物都是一个个系统。系统具有整体性、关联性、等级结构性、动态平衡性、时序性等基本特征。系统原理是对客观规律的具体反映，有一定的科学性。

4. 核心思想

系统原理将系统的整体观念作为其核心思想。所有的系统都是一个有机的整体。系统不是将系统的各个组成部分简单组合到一起的整体，而是在各个组成部分组合成一个整体后具有了之前所有组成部分都不具有的功能。

亚里士多德的名言“整体大于部分之和”可以很明确说明系统的整体性。在对系统进行分析时不能只看系统的各个组成部分，而是要结合各个组成部分在系统中的位置，分析其作用。系统的各个组成要素之间要相互联系，共同组成一个整体，不能将组成要素在系统中分割出去。

系统原理针对现代科学发展过程中出现的一些问题在理论和实践方面提出了实际的指导方案，而且其理论也为人类社会中政治经济、军事、科学、文化等方面的问题提供了一定的参考。当前系统论发展的趋势和方向是统一各种各样的系统理论、建立统一的系统科学体系。

（六）生态市场经济理论

生态市场经济理论是在自由市场经济的理论和实践的基础上发展起来的。国际社会认为生态市场经济是一种经济形式，而不是一种片面的经济现象。生态市场经济理论是指所有的人类生产活动都要有促进经济发展、有利于保护生态环境的性质。生态市场经济是当今时代的一种主流经济形式，它能够保护生态环境和提高经济效益。

（七）清洁生产理论

清洁生产理论将清洁生产定义为在人类的生产活动中坚持综合预防的环境策略，从而降低了人类生产活动对自然环境的损害程度。

对于生产活动的过程来说，清洁生产包括节约资源和能源，不使用有毒有害物质，在排放废弃物时降低其数量和毒性。对于产品来说，清洁生产的主要目的是降低产品对自然环境的污染和危害。

联合国环境规划署工业与环境规划活动中心认为，在经济发展的同时要形成可持续发展的发展理念，尽量减少产品生产活动对自然环境的损害，使用保护环境的技术手段实现节约资源、减少有害物质排放。同时，提高人们的环境保护观念，使产品从生产到处理的全部过程都能够尽量减少这些活动对环境的损害，从而实现人类社会的可持续发展。

（八）环境价值理论

传统经济学和价值观念认为，没有劳动参与的事物就没有价值，或者不能交易的事物就没有价值，因此认为环境资源和自然资源都不具有价值。随着经济发展对自然资源和环境资源的消耗逐渐加大。人们已经认识到自然资源和环境资源终有一天会消耗殆尽。因此，人类社会对环境资源和自然资源短缺的问题越发关注。

自然环境能够满足人类社会的发展需求，同时具有一定的稀缺性。因此，自然资源有着巨大的价值。虽然人类社会已经认识到了环境资源和自然资源的客观价值，但在理论层面和实践层面都没有对环境价值的客观存在进行考虑。

环境价值理论研究的主要内容是怎样对环境价值进行科学量化，从而将环境价值与经济效益结合起来，并在经济核算中考虑环境和人类生产的成本价值。此外，环境价值理论还主张要建立科学的补偿机制，对环境价值的损失和环境价值的存量进行定量分析。

20 世纪 70 年代之后，环境经济学家提出了“经济的外部内部化”，并提出了使用经济杠杆的方法，如价格、税、信用、补偿，将社会损失转化为制造商的生产成本并内部化了外部因素，因此能够有效保护环境资源。根据这一理论，列昂蒂夫使用投入产出法来分析国民经济传统投入产出中的外部性。在此期间，环境价值理论研究和价值评估呈现出繁荣局面，其研究的主要内容是怎样在国民经济核算中纳入环境资源核算，从而提高环境价值，提高资源的利用率，减少环境污染，形成新的资源提高模式，并在产品生产中尽量使用可再生资源，从而使经济发展和环境发展同步提高。

（九）逆生产理论

1996年，日本东京大学提出了逆生产理论。这一理论主要是为解决废弃物的问题。逆生产理论主张要对开发环保型材料、分类环保型材料、分离环保型材料等问题的局限性采取对策。逆生产理论要从根本上解决废弃物的循环利用问题，使产品在自然环境中都能得到处理的前提下设计产品、生产产品和消费产品。逆生产理论适用于产品生产、产品使用、产品循环利用的整个过程中，力求实现在整个过程中减少废弃物的排放量。

（十）二种生产理论

二种生产理论是物质材料的生产、人类自身的生产和环境的生产相互适应的理论。物质材料的生产是指人类使用自然资源及人类消费活动中循环使用的材料，借助人类劳动将其转变为人类生活需要的物质的过程。在这个生产过程中，生产出来的产品用于满足人类的生活需要，在产品的生产过程中排放的废弃物要排放到自然环境中去。

人类自身的生产是指人类生存和繁殖的自然过程。在这个过程中，人类对能够满足生物需要的物质进行消费，并将消费过程中产生的消费性废弃物排放到自然环境中去。

环境的生产是指自然环境的结构和形态受到自然力量与人类力量的共同作用而得到维护和完善。在这个过程中，物质材料生产产生的废弃物和人类自身的生产产生的废弃物被消耗，从而产生人类生产需要的资源。

第二节　循环经济的原则与模式

一、循环经济的基本原则

（一）3R原则

循环经济中的3R原则是其基本原则，具体内容包括减量化原则（Reduce）、再使用原则（Reuse）、再循环原则（Recycle），矿区发展循环经济也要遵守这些原则。

①减量化原则。所谓减量化原则是指在产品的生产过程中减少资源和能源的投入，减少废弃物的产生量。在实际的矿区经济发展中是指提高资源的利用效率，降低污染物排放。

②再使用原则。矿区发展循环经济中的再使用原则是指矿区要发展矿产资源深加工技术，对开发出的矿产资源进行深加工，使矿产资源的产业链条得到延长，在矿产资源的开发和生产过程中推进清洁生产、提高矿产资源的利用率。同时对于丰富的矿产资源进行综合开发。

③再循环原则。矿区发展循环经济的再循环原则是指矿产资源开发和生产的过程中要积极利用其他环节产生的废弃物，将废弃物转变为可以循环利用的生产资源，从而保护环境。

3R 原则将循环经济的技术范式完整地表现了出来。西方发达国家在发展循环经济中广泛使用 3R 原则，但只有美国和日本给出了循环经济的明确定义，美国、德国和日本还在国家层面设立了相关法律对循环经济进行规定，但也是偏向于环境保护方面。关于资源保护的问题，一些国家已经制定了相关的法律法规，对废弃物的循环利用和无害化处理做出了规定。

基本上，减少资源使用主要是通过市场的价格机制来解决的，如节省能源。为了实现经济效益，企业在生产过程中需要对节约原材料等问题进行考虑。这主要是由于产品的生产原料和消耗的资源成本较高，且企业的最终目的是获得利润。在产品生产环节减少资源和能源的投入能够降低企业的生产成本，提高产品利润。

1. 减量化原则

减量化原则是在输入端使用的方法。这一原则是指减少在生产过程和消费过程中投入的资源，在输入端就尽量降低资源消耗，减少废弃物的产生。这一原则是通过预防的手段改善环境。

减量化有两层含义：一是减少排放废弃物，二是减少能源和资源的消耗。其中第一层含义主要是解决生态环境问题；第二层含义主要是解决自然资源紧缺的问题。这两层含义之间的关系十分密切。在相同的技术条件下，降低自然资源的消耗一定会降低废弃物的排放，这种方式能够在根本上解决环境污染物问题。

随着人口总量的增长和经济发展带来的人们消费水平的提高，产品的需求量在不断增大，生产产品又会使地球上的资源和能源不断被消耗。因此，在经济发展过程中进行资源和能源的循环利用能够在一定程度上解决这个问题。

2. 再循环原则

再循环原则是一种在产品的输出端使用的原则。再循环原则主张人们在使用物品之后要将其作为可再生资源进行循环利用，通俗地讲，就是将废弃物进行循环利用，从而提高资源利用率。

3. 再利用原则

再利用原则是指提高产品利用率和服务利用率。在实际操作层面是指使产品能够多次循环使用，尽量少使用一次性产品，从而提升产品和服务的使用次数。通俗地讲，再利用原则就是多次使用物品。

（二）全程化原则

矿产资源的开发有复杂性、特殊性和广泛性的特点。矿区发展循环经济要遵循全程化原则。具体主要体现在以下两方面。

①矿产资源开发与消费的全过程。在矿区发展循环经济需要使循环经济的模式存在于矿产资源的开发和消费过程中，矿产资源的开发、回收和利用都要得到重视。

②全程减排废弃物。全程化原则主张改变末端治理的方式，采用清洁生产的模式，即在开发矿产时就尽量减少废弃物的排放。在矿产资源的使用过程中要使用先进的技术减少排放废弃物。

（三）全面化原则

矿区发展的过程中排放的废弃物有多样性的特点，这就需要矿区在发展循环经济时要遵循全面化的原则，全面化的原则主要体现在以下两方面。

①废弃物的全面利用。全面利用废弃物是指对矿产资源的生产和消费过程中排放的废弃物都加以重视，包括气体、固体和液体废弃物，同时要注重保护土地资源。

②主矿产资源与共伴生矿物全面开发利用。其是指既要重视主矿产资源的开发，也要重视对伴生矿的开采工作。

（四）5R 原则

循环经济要求人类的生产活动要遵循自然生态系统的模式，对资源和产品进行循环利用，从而形成物质循环的动态性过程。在这个动态性循环过程中，资源和能源要得到充分利用。

传统的循环经济认为发展循环经济要遵循 3R 原则，即减量化原则、再使用原则和再循环原则。

在循环经济理论的实际应用过程中 3R 原则得到了广泛的普及，日本、德国等国家在其应用中获得了巨大的收益。但循环经济理论是不断发展和不断完善的。时至今日，循环经济的3R原则已经发展成为5R原则。5R原则主要包括以下内容。

1. 减量化原则

5R原则中的资源利用减量化原则是指对资源投入进行减量。其实际应用方式是借助资源的综合利用和循环使用，使产品生产和消费过程中的资源投入减量，从而实现资源节约。

2. 再使用原则

5R原则中的产品生产再使用原则是指循环经济旨在使产品的利用率得到提升，在产品的效用得到保证的情况下提高产品的应用场合，尽量延长产品的使用寿命，如采用更换产品配件的方式延长产品的使用时间。

3. 再循环原则

5R原则中的废弃物再循环原则是指将清洁生产应用于选择原材料、设计产品、产品生产及处理产品生产中产生的废弃物的过程中，从而尽量降低废弃物的排放量，进而实现废弃物的再循环。

4. 再思考原则

5R原则中的再思考（Rethink）原则是指对陈旧的经济理论做出改变。新经济理论的主要内容是对资本循环、劳动力循环及资源循环进行分析。社会生产的目的不仅包括创造社会财富，还包括节约资源、保护自然生态系统及对节约资源的潜力进行充分挖掘。

现阶段我国矿产资源开发的管理水平不高，监管不到位，矿产资源的开发、存储、生产及消费等方面的资源浪费非常严重，其中存在着巨大的资源节约潜力。

5. 再修复原则

5R原则中的再修复（Repair）原则是指对被破坏的自然生态系统进行修复。自然生态系统是创造财富的前提条件。对已经被破坏的自然生态系统进行修复也是创造财富。当今的矿产资源开采要注重减少污染物和废弃物的排放，还要对矿区的周边生态系统进行修复。

5R理论是对3R理论的超越和提升，是完善之后的3R理论。3R理论注重发展循环经济中的具体操作规范，5R理论则是注重在理论层面分析发展循环经济的意义。

循环经济作为一种经济理念，和清洁生产理论有着本质的不同。循环经济完全不同于亚当·斯密和李嘉图的经济思想。传统西方经济学的理念主张充分利用自然资源进行社会生产，从而积累大量的财富。循环经济则是主张实现自然资源的优化配置，提高资源利用率，最终实现可持续发展。循环经济认为生产资料是一种资源，并且将生产系统视作是生态系统。

（五）生态成本总量控制的原则

生态成本是指人工修复被人类的生产活动破坏的生态系统需要付出的成本，如工业生产需要在河流中取水，但在取水后造成了河流断流，取水点下游的生态系统就受到破坏，或是工业生产要向河流中排放污水，河流的生态环境受到了破坏，在之后的生态修复中要付出很高的成本。

生态成本总量控制是指在不会对生态环境造成影响的前提下而对自然资源的索取量进行控制。以河流取水为例，温带半湿润地区的河流中取水量应控制在不超过河流水资源总量的40%。

（六）生态系统分析的原则

人类生产活动要利用自然资源，还需要将生产过程中产生的废弃物排放到自然环境中去。很多自然资源，如天然气、煤炭等都是不可再生资源，在使用时要考虑其资源总量、资源利用率等，避免不可再生资源枯竭。生产活动需要向自然环境排放废弃物，但自然生态系统的承载能力是有限的，过量排放会导致生态系统受到破坏，生态系统失衡。

因此，人类在进行生产活动前要对生态系统的承载能力进行分析，坚持生态系统分析原则，促进生态系统的良性发展。

（七）利用可再生资源原则

很多自然资源是能够循环利用的，循环经济的利用可再生资源原则要求在人类在生产活动中要尽量使用可再生资源代替不可再生资源，实现生产循环与生态循环的结合，使资源的利用符合自然生态循环的规律，如使用光能资源代替石油资源，使用地表水资源代替地下水资源。

二、循环经济的发展模式

（一）企业内部循环模式

1. 企业内部循环模式

企业内部循环模式即小流通。企业内部循环模式是在产品生产的所有环节中坚持实施污染防治的环境战略，使用技术改良、升级生产设备、提高管理水平等方法提高资源利用率，减少废弃物的排放。

企业在实际的生产活动中要尽可能地减少资源投入和废弃物排放，提高可再生资源利用率，以获得较高的产品耐久性。

2. 企业内部循环模式的实践

20 世纪 80 年代末，美国杜邦化学公司为检验循环经济新理念，创造性地将 3R 原理发展为一种 3R 制造方法，并结合实际化学工业，以较少甚至没有废弃物排放的方式实现了保护环境的目标。杜邦化学公司开始逐渐减少使用不利于生态环境发展的化学品，通过减少使用某些化学品及发明产品回收新工艺，在 1994 年，其仅塑料废料一项的排放量就减少了 25%，空气污染物的排放量则减少了 70%。与此同时，杜邦化学公司对废弃的塑料材料中的化学物质进行回收处理，以实现循环利用。

（二）区域循环模式

1. 区域循环模式

区域循环模式即中间循环，是坚持生态理论和生态设计原则，对生产活动和人类生活进行科学的安排和组织的一种模式。在这种模式中，一个生产组织的废弃物是另一个生产组织的原料，从而形成物质循环。

2. 区域循环模式的实践

丹麦的卡伦堡生态工业园是目前世界上最典型的工业生态系统运行代表。卡伦堡生态工业园的核心企业是电厂与炼油厂。这些企业采用贸易的方式将其他企业生产的废弃物采购过来作为自己生产的工业原料，从而形成生态链条，最终使整个卡伦堡生态工业园不排放任何废弃物。

其中，燃煤电厂是这条生态链的中心，其发电过程中产生的热能实现了多阶段充分利用。燃煤电厂在发电工程中产生的蒸汽为炼油厂和制药厂提供了其生产需要的热量；地下管道被用来加热整个卡伦堡镇。这使该镇关闭了大量的燃煤锅炉，使空气污染物的排放量大大减少；铺路和水泥生产用粉煤灰。炼油厂生产的火焰气体通过管道为石膏厂生产的石膏板进行干燥，降低了空气污染物的排放，炼油厂的废水经过生物净化后通过管道输送到工厂，每年向工厂输送 7000 万 m^3 的冷却水。由于水的循环利用，整个工业园区的年用水量减少了 25%。

（三）社会区域循环模式

1. 社会区域循环模式

社会区域循环模式就是在政府推动下，通过建立相应的法律法规和利用市场经济手段在一定区域范围内推行资源的循环利用，如在一定的区域范围内，不同的生产单位彼此之间形成共生关系，按照一定的产业链，使资源合理有效流动，彼此衔接，提高资源的利用率，减少废弃物排放。另外，政府还可通过法律的形式规定废弃空调、冰箱、洗衣机和电视机由厂家负责回收；规定汽车厂商有义务回收废旧汽车，进行资源再利用；建设工地废弃不用的水泥、沥青、污泥、木材等资源要实现完全回收利用；企业发展高新技术，在产品设计时就要解决资源循环利用的问题。

社会区域循环即大循环，是一种能够实现资源回收的良性产业。在社会区域大循环中，部分材料在企业使用报废后可以将其退回原工业部门作为再利用的原材料。

社会区域循环这种模式主要是解决消费后产生的排放问题。随着产业结构不断升级，社会区域循环模式发展得也越来越完善。社会区域循环这种模式也得到了世界各国的广泛接受。

2. 社会区域循环模式的实践

德国的双轨回收系统（DSD）一直是一个很好的模式。受企业委托，相关机构对其包装废弃物进行收集整理，然后送到相应资源回收厂家进行回收，包装废弃物可直接回收回厂家的 DSD 系统，从而有效提高了德国包装废弃物的循环使用效率。

总的来说，循环经济是对清洁生产理论和工业生态理论的提升，是一种理论层面上的创新。同时，循环经济是实现可持续发展的主要形式。

第三节　矿区循环经济的发展现状

一、我国矿业发展的特征

（一）粗放式矿业经济发展模式占据主导地位

2003 年之后，我国的矿业灾害发生十分频繁，这是高能耗、粗放型矿业经济发展模式存在的问题的直观表现。由于矿区发展模式问题、管理水平问题、技术问题等，我国矿区开采的资源回收率不高。同时，矿区透水、矿区坍塌等地质灾害不利于矿区周围生态系统的可持续发展。

（二）掠夺性的开采导致矿产资源储量消耗与增长不协调

近几十年来，我国矿产资源的增长速度缓慢，甚至有负增长的问题。我国资源存储量比较高的资源主要是石油、天然气和非金属矿产，但非金属矿产的经济价值并不高。与此同时，我国地质勘查行业发展缓慢，后备资源不足，矿山企业发展面临困境。

（三）不高的资源质量与较高的矿业税费

我国矿产资源人均占有量不高，仅有世界平均水平的 58%，而且资源质量比较差，多数资源的质量为贫等和中等，多为中型矿和小型矿。

1994 年，我国实行税制改革，改革后的矿山企业需要缴纳比普通工业企业高 6% 的税费，这也导致了我国矿山企业的发展水平不高。

（四）共伴生矿尾矿被废弃

长时间以来，矿产资源受到无偿划拨取得采矿权的影响，很多矿山企业在采矿时放弃了共生矿和伴生矿。这种做法造成了严重的资源浪费，同时也加重了矿区周围的生态系统破坏程度。

二、矿区发展循环经济的问题

（一）概念泛化与误用

20 世纪 90 年代中期以后，循环经济的概念被引入我国。但当时循环经济的定义尚不明确，这一概念在某些情况下被推广和滥用。例如，某企业通过处理废水实现循环经济。但这些都是发展循环经济过程中的片面性结果，其本质是资源循环利用，而不是循环经济，从而产生了概念误用的问题，导致循环经济的重要作用在经济发展中得不到充分发挥，发展循环经济的政策出现了问题。

实现循环经济需要依托于产业和企业，但需要具有整体性的协调发展战略，否则企业只会单一性地使用资源，不能实现整个区域乃至全社会的资源有效利用。因此，需要提高企业和全行业对循环经济的科学认识。

循环经济是综合了经济、科技和社会的整体性工程，不是一个单纯的经济问题、技术问题和环保问题，而是经济发展和环境保护同时并举的整体工作。

（二）项目不切实际

我国发展循环经济的背景和国外发展循环经济的背景不同，美国、日本等国家发展循环经济的基础是“垃圾”，其发展循环经济的第一步是解决消费社会中的废弃物问题，进而向生产领域发展。但我国发展循环经济的第一步是解决工业生产中的问题，因此我国发展循环经济要和国外采取不同的模式。目前，我国循环经济发展存在以下不足。

1. 盲目套用模式

现阶段有很多行业在发展过程中盲目使用别人的发展模式，这一问题在矿区循环经济领域尤其突出。

以煤制甲醇为例，目前国内有很多煤矿都开展了这个项目，但甲醇在国内没有广阔的市场，甲醇的下游产业发展不完善。在这种情况下，很多煤矿不了解市场信息，盲目使用成功的发展模式，不仅不能获得预期的经济效益，还会为经济的发展和自然环境带来负担。

发展循环经济要遵循市场规则，充分了解市场信息，从市场角度、技术角度对经济项目进行全面分析。

2. 利用政策作为保护

循环经济从本质上讲属于市场经济，但作为一种市场经济模式，其取向受到政府的干预。这就需要相关的政府部门在制定政策的过程中注重理论性和实践性，制定出科学的循环经济发展政策，杜绝政策模糊的问题，为循环经济的发展提供政策性支持。

在国家发展循环经济的有关政策的指导下，很多矿区建立起了试点，但我国的矿产深加工技术尚不成熟，其发展没能实现预期效应。此外，一些企业在发展过程中急于求成，盲目发展循环经济，但实际的发展情况并不能达到循环经济的发展标准。

（三）过分注重物质效益

我国矿区发展循环经济的过程中存在不注重发展非物质化服务功能的问题。对于矿区来说，企业级小循环生态产业园和区级循环生态产业园建设已经取得了一定的成功，但社会区域大循环的发展仍不完善。因此，矿区的发展不仅需要重视物化效益，还需要重视非物质化服务功能的发展。

发展循环经济的终极目的是转变社会生产的增长方式，使其从先前的数量物质增长方式转变为质量服务增长的增长方式。发展矿区循环经济需要正确的发展理念的指导，还需要对现有增长方式加以转变，以实现经济的高效率发展，同时注重生态环境保护，开拓新的经济增长点。

三、我国矿区发展循环经济的研究现状

国内主要从微观技术层面和宏观政策与规划方面分析和研究矿区循环经济的发展模式、发展理论等问题。但总体来说，国内学术领域并没有对循环经济型矿区进行针对性研究。

国内学者对矿区发展循环经济的研究主要集中在技术、产业链条等方面，研究内容尚未涉及矿区循环经济体系。在这些研究结果中，对于矿区循环经济的评价方法主要是使用模糊评价、熵权法等主观评价方法，使用客观评价方法对矿区循环经济进行评价的研究方法比较少。

四、我国发展循环经济的实践

近几年，我国的矿产领域对循环经济的关注程度在不断提高，不仅在理论研究方面取得了一定的成果，还进行了循环经济的实践。

（一）贵港国家生态工业示范园区

贵港国家生态工业（制糖）示范园区的核心企业是贵糖股份有限公司。这个园区的系统框架主要包括六个部分，分别是蔗田部分、制糖部分、造纸部分、酒精部分、热电联产系统和环境综合处理系统。

这六个部分通过优化扩展等方法实现了园区内资源和废弃物的循环利用，从而减少了废弃物排放，使园区及周围的生态环境得到了改善。

（二）同煤集团塔山循环经济园区

同煤集团塔山循环经济园区是我国煤炭领域中第一个建设起来的循环经济园区。这个园区内的核心企业是塔山矿，围绕着塔山矿建立起来了选煤企业、高岭岩加工企业、综合用电企业、水泥企业和污水处理企业。此外，这个循环经济园区还铺设了一条专用铁路线路。

2009 年，塔山循环经济园区正式开始运营。整个工业园区没有使用直线式的经济发展模式，而是使用了反馈式的循环经济发展模式，实现了提高生产效率、降低能源消耗、降低废弃物排放的目标，以较小的资源投入获得了较大的经济效益和社会环境效益。

塔山工业园区的建设和实际运营，根本性地解决了传统经济增长模式中资

源投入高、废弃物排放量大、污染严重的问题，为矿区建设循环经济发展模式提供了全新的范例。

（三）衡州沈家生态工业园区

浙江省衡州沈家生态工业园区在建成之后吸引了几十家化工企业入驻其中，并已经发展成为当地经济的主要推动力。

浙江省衡州沈家生态工业园区在设计之初着重考虑了产品设计、物质集成、污水处理、信息系统等方面。在工业园区的管理方面，注重提高管理效率，积极为企业和园区之间搭建沟通渠道。

（四）兖矿集团循环工业园区

近几年，兖矿集团循环工业园区对煤炭等燃料和化学工业原料的认识发生了转变，积极推进洁净用煤炭技术和煤炭深加工技术，从而延长了煤炭产业链条，使产品的附加价值得到了提高，同时发展起了相关产业。

兖矿集团循环工业园区的发展方向为“大项目—多联产—产业基地”，其发展的重点是形成煤气化联产的发展模式，从而减少废弃物和污染物的排放量，实现资源的循环利用。

（五）南海国家生态工业示范园区

南海国家生态工业示范园区的中心企业是华南环保科技有限公司。该工业园区在建立之初受到了循环经济理论的影响，在工业园区内建立起了环保科技产业园和虚拟生态工业园，形成了生态循环体系，此外工业园区还配备有资源再生园、零排放园和虚拟生态园，在工业园区的管理方面实行生态化管理。

（六）鲁北化工模式

山东鲁北企业集团是我国较早的企业类型的生态工业实践企业之一，其运营时间比较长，运营经验也比较成熟，并获得了经济效益和环境效益。

山东鲁北企业集团在生产过程中应用了石膏制硫酸联产水泥技术，企业中配备有与磷氨生产配套的硫酸和水泥生产装置，在生产技术和生产设备的配合下其能够将磷氨生产过程中产生的磷石膏废渣作为原料，用于生产硫酸和水泥，这个环节中生产的硫酸又能够用来生产磷氨，实现了资源、产品、废弃物的循环利用，在生产过程中提高了资源利用率，减少了废弃物排放量。

（七）徐州张双楼煤矿循环经济园区

徐州张双楼煤矿循环经济园区的目标是尽量充分利用资源。该园区已经发展起了煤泥干燥、地热综合利用等项目，这些项目为发展煤焦化项目提供了有利的发展条件。徐州张双楼煤矿循环经济园区使煤基产业链得到了延长，同时将煤、电、煤化工作为经济园区的主体项目。此外，这个经济园区和其他经济园区联合起来，共同建立起了大型循环经济发展体系。

另外，鹤矿集团、神华集团、平煤集团、义煤集团等各大国内煤炭企业在发展过程中坚持可持续发展战略，并进行循环经济建设，不断提高企业的竞争力，努力提高其环境效益。

（八）天津经济技术开发区生态工业园

天津经济技术开发区生态工业园高度重视废弃物的处理问题，配备有污水处理厂、电镀废水处理中心等完善的废弃物处理设施。

工业园区中的企业在生产产品的工程中坚持清洁生产的原则，同时建立起了环境管理信息系统和环境事故紧急响应系统，使用现代化的技术和管理手段对其进行管理，从而切实发展循环经济。

第四节　国外矿区循环经济的经验借鉴

一、国外循环经济研究和发展现状

（一）研究现状

国外在逐步解决了工业污染和部分生活型污染后，其主要污染源变为了消费型社会排放的大量废弃物。这就为循环经济的理念和发展提供了环境。国外的循环经济发展首先是从解决消费领域的废弃物问题入手，再向生产领域延伸，最终旨在改变“大量生产、大量消费、大量废弃”的社会经济发展模式。

目前，国际上对循环经济的研究水平不断提高，相关专家将研究的重点内容转移到了循环经济的发展模式、发展机制及技术手段等方面。

就循环经济交换的形式来说，其研究主要集中在三个方面：一是循环经济体系交换包括交换企业生产的产品、企业具有的知识、企业的管理经验等；二是在不同的空间形态中，企业循环经济体系内部的交换关系有不同的特点；三是循环经济体系内部既有合作又有竞争。

（二）实践现状

循环经济在全世界范围内受到了广泛的关注。20 世纪 90 年代人们提出了可持续发展战略，很多国家认为循环经济是可持续发展的具体方式。美国、丹麦、日本、德国等国先后按照资源闭路循环、避免废物产生的思想进行了循环经济的实践，典型的有以下几种模式。

1. 杜邦化学公司模式

20 世纪 80 年代末期，美国杜邦化学公司在自己的工厂中对循环经济理念下的发展模式进行了试验，在 3R 原则的基础上和化学工业生产的实际情况结合在一起，提出了 3R 制造法。

这一方法是在纺织厂内的各个生产环节之间形成物质循环利用，使生产链条得到延伸，降低了生产过程中资源和能源的消耗，同时降低了各种废弃物的排放量，从而发展起的循环经济发展模式。

2. 卡伦堡生态工业园区模式

卡伦堡生态工业园区模式是在工业生态学原理的指导下，通过企业间的物质集成、能量集成和信息集成，将园区内的发电厂、炼油厂、制药厂和石膏制板厂作为其核心板块，对各个工厂在生产过程中产生的废弃物进行循环利用，从而降低废弃物的排放量，减轻环境压力的循环经济模式。

3. 德国双元系统模式

德国的双轨制回收系统（DSD）是一个民间组织系统，其主要工作内容是回收产品包装的废弃物。

这个回收系统在受到企业的委托后会组织工作人员对产品包装的废弃物进行回收，然后根据不同的类别进行分类，将其送到对应的企业中使其能够循环利用。这个系统在很大程度上促进了资源的循环利用。

4. 日本的循环经济型社会模式

日本发展循环经济主要采取了以下三方面的措施。

①在政府层面，积极完善相关法律法规。

②在企业方面，积极研发高新技术。

③在民众方面，改变传统思想观念，树立环保理念。

二、国外发展循环经济的经验

瑞典的森林覆盖率非常高，森林覆盖国土面积的一半以上。瑞典将保护森林资源作为其基本国策来执行。瑞典人有保护森林资源的传统，其法律中有严格关于保护森林的条款。

瑞典注重保护森林资源是为了保护生态系统的物种多样性。在瑞典，森林的所有者和森林的工作者都要学习森林的有关知识，瑞典政府还开设有生态保护培训课程，向公众普及生态保护相关知识。为有效保护森林物种的多样性，瑞典建立了森林基地库，以便收集树木的遗传性物质。

通过这些努力，瑞典的森林保护区自 1920 年以来没有明显毁林，而平均每年增加约 1 亿米的木材。在保护森林资源的同时，瑞典还通过最大限度地利用树木和减少用于开发和利用森林产品的木材数量，实现了间接保护森林资源的目标。

瑞典的纸张出口量非常大，其纸张出口量位列世界第四，纸浆出口量位列世界第三，松树出口量位列世界第二。瑞典的主要经济收入来自林业部门，因此瑞典人更加注重保护森林，从而形成了从森林采伐到纸浆生产的“一体化”产业链，实现了经济的循环发展。

瑞典的木材资源主要是用来造纸，降低造纸使用的木材就是间接地提高森林资源的存储量。瑞典的造纸生产企业坚持的基本生产理念是多使用回收的纸张，少使用天然木材。

瑞典全国共有 48 家造纸企业，其中有 15 家造纸企业的生产原料是回收的报纸、杂志等。瑞典的报纸、期刊的回收利用率在 80% 以上，回收利用的使用过的办公用纸和生活用纸在 70% 以上。这个数据远远高于世界平均水平。相关统计数据显示，瑞典每年会回收 150 万吨废纸，换句话说，瑞典每年有 69% 的纸产品被循环利用，欧洲的这一数据只有 56%。

此外，造纸业是对环境污染十分严重的产业，但瑞典的造纸企业向来坚持保护环境的原则，造纸企业都配备有先进的污水处理系统，使得瑞典造纸企业的污水排放量和废气排放量都得到了降低。

三、国外矿区发展循环经济的实践经验

（一）澳大利亚

澳大利亚是一个矿产资源丰富的国家，拥有矿产资源开发利用的先进经验。澳大利亚主要采取立法的形式对矿区进行保护，澳大利亚的煤矿在开发和利用过程中执行严格的环境控制办法。

新南威尔士州的猎人谷矿区的矿区循环经济就是其中的典型范例。这一地区的煤矿多达 22 座，建有 3 座电厂，还有 50 个葡萄园，4 个国家公园，此外还配备有娱乐场所和商业场所。

澳大利制定的《环境规则和评估法》及 1992 年的《采矿法》对矿产资源

的开发和环境保护均做出了规定。北阿色山矿是制定开发型矿区，需要具备环境评估文件。在一系列法律法规的制约下，北阿色山矿采取了一系列环境保护措施，如采取最佳的煤炭和覆盖层运输距离，从而减少气体废弃物的排放量。

（二）德国

德国的鲁尔（Ruhr）矿区是煤炭行业中发展循环经济的典型代表。

鲁尔区位于德国的西北部，向来有煤炭之乡之称。在德国的国民经济发展中，鲁尔区的贡献非常大。鲁尔区的矿产资源主要是煤炭，其发展过程经历了从开发矿产资源到矿产资源枯竭，钢铁行业从繁荣发展到衰落的过程。

鲁尔区的企业经过转型发展和产业结构优化升级，使其经济得到了新的发展，鲁尔区的发展模式从资源型发展模式，已经转变为了以资源为基础，计算机和信息产业技术为主导的生产型发展模式。

随着产业结构调整，鲁尔区的发展观念也发生了转变。经过近 30 年传统产业的大规模转型，以及政府对环境保护的高度重视，通过产业改革推动环境保护，1957 年鲁尔区有煤矿 140 个，如今只剩下 7 个，钢铁厂已从 26 个减少到 4 个，雇员人数也从 30 万人减少到了约 50 000 人。这些变化极大地改善了鲁尔区的环境质量。

第四章　矿区发展循环经济的建设

有关矿区问题的研究，是研究区域经济、社会发展的前提条件与基本内容，尤其是矿区的资源、经济、社会和环境等可持续发展问题，可以说它们是当今矿区研究的重要课题。本章主要分为矿区的可持续发展与循环经济、矿区发展循环经济的技术支持和矿区循环经济的建设三方面。

第一节　矿区的可持续发展与循环经济

一、矿区可持续发展存在的主要问题

矿产资源的开采与加工行为所形成的，持续拥有共同社会功能、经济特性与环境属性的经济地理区域即为矿区。在矿区形成和不断发展的过程中，矿区为社会发展与国民经济做了非常大的贡献，是非常重要的原材料、能源的供应基地，与此同时，其还支持和带动了本地区社会和经济的相关发展。但是矿区传统产业发展的模式仍是单向线性的模式，人类在这样的大量生产、消费和废弃的模式中的确得到了很大的益处，但受各种因素的影响，矿区中确实存在着很多有关复杂生态、资源、经济和社会的问题，矿区实施可持续发展的战略受到严重阻碍。

（一）矿区矿产资源基础的有限性

矿区可持续发展首先面临的最大障碍就是本身矿产资源拥有量。矿区以矿业为主导产业，矿业则以矿产资源为生命周期，而矿产资源却是有限的，并具有可耗竭性质。尽管我国煤炭资源比较丰富，位列世界前茅，但我国人均占有量仅为世界人均占有量的一半，并且有些地区因为前期已经开采了比较好的矿产资源，受技术经济等条件的限制，其可采储量就更为有限。

（二）资源利用效率低

矿区资源利用效率低，主要表现在下列四个方面。

1. 矿产资源利用率低

据有关部门对 1845 个国有矿山企业进行的调查显示，矿产资源综合利用达 70% 的矿山企业只占 2%。我国矿产资源平均综合利用率约为 30%，是美日等发达国家的 1/3 ～ 1/2。

2. 矿产资源回收率低

近年来，我国国有重点煤矿的矿井回收率平均为 50%，国有地方煤矿为 30%，乡镇及个体煤矿仅为 10%，全国平均水平约为 30%，比国外先进水平低 20%。共伴生矿产资源综合利用率约为 35%。

3. 资源再生率低

据统计，全国每年各类矿区排放废水 30 亿 t；每年排放废气 5400 多万平方米；每年排放金属尾矿 3.2 亿 t，煤矸石 1.5 亿 t，粉煤灰 0.7 亿 t，其中大部分没有被利用。

为了解决传统矿业开发利用模式的问题，从 20 世纪 70 年代开始，各行业采取矿产资源综合利用政策，并取得了一定的成绩，如煤炭行业最早开始建设煤矸石电厂，并取得了较好的经济效益，也开始慢慢重视起综合利用工作。原煤炭部于 1986 年提出了三个主体的战略格局，即基本建设、煤炭生产和多种经营，建设了一批煤矸石电厂、建材、焦化、气化、瓦斯利用等综合骨干企业，后又提出了“以煤为本、多种经营、综合发展”的方针，发展多种综合利用煤炭资源生产的支柱产业，并取得了一定成绩。其主要表现在：煤炭资源综合利用与环境保护已初步形成产业，成为煤炭工业新的经济增长点；人们通过煤炭资源综合利用，有效地改善了环境污染，取得了一定的社会效益。但是几十年综合利用方针的实施，并没有从根本上改变矿区经济与环境问题，国内相关产业的综合利用率与国外先进水平甚至平均水平还相差甚远。

（三）矿区产业结构单一

产业结构合理与完善程度直接影响着矿区的经济可持续发展。由于受传统经济发展模式和观念的影响，矿区产业结构单一，矿区产业主要是以矿业为主，虽说有其他产业，但大部分都与矿业有关。具体来说，一是矿区产业链过窄，导致产业结构过于单一，抵御市场风险的能力相对低；二是矿区产业链过短，产品附加值太低，导致矿区经济效益不佳，可持续发展能力较弱。

（四）对环境造成的污染程度深、范围广

国民经济得以长期发展的需要与基础就是开发和利用矿产资源，但对于环境来说，其受到损害的严重程度与矿产资源的开发程度有着直接关系，生态环境遭到破坏和被污染的原动力、源头就是矿产资源在开发利用时所产生的废水、废气和废渣等，矿区在开采，加工和消费金属、能源、矿产、地下水和非金属的过程中排放出的“三废”，都对矿山周边的地下水、土壤和地表水进行了污染。矿区若超采和采空，就会极大增加塌陷、沉降、滑坡和泥石流等灾害的范围和发生频率。因此，我国开采矿产资源中破坏环境的问题主要包含了以下四个方面。

1. 空气污染

空气质量因开采矿产资源而遭到破坏的主要表现：其一，露天矿工作及矿石研磨时产生的粉尘；其二，开采和利用资源时排放的废气，废气中有大量的一氧化碳和二氧化碳等多种有害气体存在；其三，温室气体排放。

2. 水污染

在开采与利用矿产资源的过程中，使水源变得恶化的重要因素之一就是开采过程中排放出的废水。其中，石油气开采与加工中的废渣和废水是污染土壤与水体最为严重的原因之一。我国的石油企业污水排放量基本每年达到了 2.5 ～ 7.5 万 t，在这些污水中含有大量的氰化物与硫化物，且在勘探开发油气资源时，不管是钻井、采气或采油，都会排放出废气、废水与废渣，等到这些污染物被排放到水系、土壤与大气中后，势必会污染生态环境。矿区水污染还包括了其他矿山的生活、生产废水，以及废渣、尾矿露天排放而产生的废水。

3. 土地污染

矿区土地大部分都被矿山建筑设施和废渣、废石、尾矿石等占用。矿业及相关行业的累计占地始终在不断升高当中，并且煤矿与其他地下矿山开采中发生的较为严重的地质灾害就是矿山地面塌陷，每采一万吨原煤就会导致地面塌陷 0.2 万平方米，而塌陷区的面积则是采煤区面积的 1.2 倍。

4. 地质灾害

在开采和利用矿产资源的过程中，不仅会产生废石与废渣，还会时常引发崩塌、泥石流与滑坡等灾害。其中，在开采矿石中人们经常见到的，在人为作用的诱导之下发生的灾害现象即为泥石流，其形成的必要条件有两个：大量的雨水和沙石。雨水是大自然的产物，但沙石大多数情况下属于人为的产物。围岩因为山坡和沟谷中堆满了开采矿山的矿石与剥离土而失去了原有的稳定，从而就会形成大面积的滑坡与崩塌，这些都会为泥石流储备了丰富且松散的固体物质，这些物质在暴雨后则有可能会形成泥石流。

上述的问题都是在矿区经济发展过程中产生的，而相反又会对矿区经济的发展进行制约，且会阻碍矿区的可持续发展。

二、走循环经济之路是矿区实现可持续发展的必然选择

生态矿区建设的最佳切入点就是用循环经济的模式建设生态矿区，其可以通过循环经济的发展，而对在建设矿区过程中矿区基础建设体系、循环体系和生态保障体系的优化与构建等问题进行解决。对矿区来说，这是矿区可持续发展的必然选择。

（一）有利于加快经济结构调整、产业布局的优化

人们可以通过构建矿区生态工业园区来调整现有的经济结构，并通过循环经济的理念来对经济结构布局进行优化，同时通过构建循环经济产业体系来发展能耗低、污染小和效益高的新型产业，且培育出以循环经济为特点的第二、第三产业，并且还可以努力推动生态化转型，以此来提升矿区的经济竞争力与综合实力。

（二）有助于矿区经营方式转变

首先，循环经济是经济的一种模式，它的着力点是基于自然生态系统的规律而追求更大的效益，从生产的源头开始进行建设，并对资源的循环利用进行规划就是这一模式的实施途径。这一模式的原则是遵守减量化、再利用与再循环，争取从一个区域或企业的角度出发，对内部的资源闭路流动进行系统化考虑，再将相关的资源投入、产出等当成是这一链条中的某个环节，并串联其生产加工设计等，最终形成具有经济竞争力的产业链。

想要矿区经济总量的增长得到确保，企业就应当在根本上对经济的增长方式进行改变，否则将很大程度上会使污染排放量与资源消耗剧增，这就会限制矿区经济社会的持续发展。而在发展循环经济方面，建设生态矿区能够在根本上对经济增长方式加以转变，非常有利于资源的长久使用、继续保护，并且有利于生态环境建设，加强经济发展。

（三）有利于实现经济、社会、环境的“三赢”

在选择发展循环经济后，就要将生产各阶段的物质资源的使用效率达到最大化，使其能够有效且充分地对资源进行合理利用，实现资源效益的最大化与

优化配置，与此同时，还将推动环境保护由生产末端向着生产源头甚至全过程普及，在进行环境保护时要通过经济活动的形式对其进行支持，这在很大程度上也是提升环境保护经济效益。

（四）促进和谐矿区的形成

矿区得以和谐发展的前提与基础就是持续和谐的经济发展。首先，和谐矿区的建设最离不开的就是经济发展，现今在很多矿区之中都存在了不和谐的因素，这些问题与经济发展是有着非常直接的关系的。和谐矿区的发展过程是动态的，是在经济发展中才能不断深化与完善的，但如果和谐矿区失去了经济发展这一强有力的支撑，就等于成了无木之本。效益与速度、数量与质量的统一是经济和谐发展所必备的，同时也是提升矿区竞争力与整体素质的前提，如果矿区不实行协调的经济发展，不统筹兼顾，那么矿区今后将会更加不和谐。因此，实行循环经济模式来进行生态矿区的建设，就能够从源头上解决这些问题，也能更好地实现社会进步、经济发展与环境保护，促进和谐矿区的建设。

第二节　矿区发展循环经济的技术支持

一、矿业循环经济的技术支撑体系

（一）清洁生产技术

循环经济的核心竞争力即为先进的科学技术。若是脱离了先进技术，那么环境、经济这些循环经济一直所追寻的目标是很难实现的。循环性矿业经济主要是用生态学规律来对矿业开发进行指导，从而形成高利用、低开采和低排放的技术体系。环境无害化这一点就是循环经济矿业开发技术的载体，而污染、废弃物排放少就是其特征所在。因此，人们应当尽量合理利用能源与资源，对矿石中多种有用的组分进行综合利用，尽可能多的回收废弃物中的有用成分，并且使用环境可以接受的方式来对暂时难以利用的废弃物进行处置。这其中包含了治理污染的技术、预防污染的技术、无废或少废的产品与工艺技术等。

清洁生产可以说是一项创新思想，这一思想在生产过程中的体现就是持续应用整体预防的环境战略，并以此来提高生态效率，使人类与环境的风险降低。人们在生产过程中应当节约能源与原材料，并将有毒的原材料淘汰掉，减少有毒物的使用数量等。清洁生产技术包括生产过程的清洁和生产产品的清洁两个方面，它们在环境无害化技术体系中占据着核心位置。通过采用先进技术和设备，在生产时可以做到少废或无废，同时将生产的过程与消费产品的过程变成少污染甚至是无污染，从而实现制作产品绿色化及生产废物零排放。由此在矿业的生产过程中，应当加强加工技术与清洁洗选技术的发展，不仅要能实现无污染或少污染，还要在使用产品和处理废物时不会给环境造成伤害，如处理低品位锰矿的氨盐熔烧法、微生物选矿技术、石制造技术等。

（二）废弃物利用技术

该技术的作用就是进行废弃物的再利用，主要包含了以下三方面。

第一，就是再利用矿石伴生废弃物的技术对矿石伴生废弃物进行再利用。

第二，就是通过改进选矿技术，重新选择矿渣、尾矿。

第三，就是对矿业的开发产品和后续产业制成品进行回收，并且将消费过程中所产生的废弃物进行再利用。

按照人类的现有技术看，在消费过程中的矿产品和后续的矿业制成品所产生的废弃物等，除了能量资源不能进行循环利用，其他物质资源基本上都是可以循环利用的。若是将消费过程中产生的废弃物用在合适的地方，那么就能够最大限度地解决废弃物处理问题，这对于提高我国的经济效益，解决矿产资源短缺问题及环境保护将会有十分重要的意义。

废弃物的利用技术也是一种对于矿产资源废物进行资源化处理的技术，比如废电池回收猛、汞、锌的技术，易拉罐回收铝技术和废塑料转化柴油、汽油的技术等。

（三）矿产资源综合利用技术

我国目前很多的矿产资源除了主要有用组分之外，很多都存在共伴生有用组分，甚至有些共伴生有用组分的价值是要大于主要有用组分的。目前，人们多采用先进技术对其进行提炼，综合利用其多种有用组分，再经过合理地构建起产业组合、产品组合与技术组合，从而实现能量、物质、技术与资金的优化使用，最终提高了环境效益与经济效益，使一矿变多矿、小矿变大矿。

（四）矿产品增值技术

采取了先进生产技术，在原产品的基础之上对其进行研发与改造，形成新的产品，从而增加产品的附加值，使其价格得到一个较大的提升，如洁净煤技术等。

（五）替代产品研究

因为材料科学是在不断改变之中的，很多矿产品也已经找到了其他代替产品。例如，太阳能和风能等就能代替石油；塑料可以代替金属来做结构材料；铝合金材料可代替钢铁材料等。因此，人们应该加大科技投入力度，应用并继续研究矿产品的替代产品，并以此来减少矿业开发对于环境的破坏作用以减轻矿业生产的环境压力。

（六）污染防治技术

该技术在传统意义上说就是环境工程技术，也是对污染物质进行消除的技术，其通过废弃物净化装置来实现有毒、有害废弃物的净化处理。其特点是不改变生产系统或工艺程序，在生产过程的末端对废弃物加以净化，从而实现污染控制。例如，矿业中的脱硫技术、废水中和除重金属离子技术、除尘回收净化技术等。

（七）地质灾害防治技术

在矿山建设时，人们还应该考虑矿业活动会引发的各种地质灾害，并通过先进的、可行的技术加强防御。矿区建设过程中应将环境策略和整体性预防措施等应用在矿山生产过程之中，减少甚至消除发生地质灾害的可能性，并且对采矿活动可能会对环境与人类造成的灾难加以预防，同时采取全过程控制灾害的监测预防，提升地面绿化率，确保采矿区的地面水与地下环境，从而有效控制矿区内部的水土流失、地质灾害，减小矿业开发对生态环境的影响。

二、煤炭矿区发展循环经济支撑技术体系

（一）煤炭企业循环经济技术创新目标

我国经济始终在飞速发展之中，对世界经济增长有明显的推动作用，并且也受到了外界更多的关注，我国应当承担大国责任，使经济获得更好的发展。我国的经济因为煤炭的开采、利用而增长的越来越快，但煤炭行业传统的粗放型经济增长模式造成大量煤炭资源、伴生资源浪费与破坏。环境严重污染，生态严重破坏，电能和水能大量消耗，形成了大量能源与资源的浪费。在这一背景下，煤炭行业近年来在企业、政府、大学和研究单位的共同努力之下，开始了大量与循环经济技术创新实践、研究工作相关的工程建设，并取得了很多实际且突出的成绩。

但是因为煤炭生产经营的特点，煤炭企业依旧存在很大的生态建设压力。按照企业可持续发展要求，煤炭企业现在与未来的必然选择都将是循环经济技术的创新，这除了是转变经济增长方式与贯彻落实科学发展观、实现资源节约

型和环境友好型的重要途径，也是合理开发煤炭资源、实现环境保护和实现可持续发展的根本出路，是实现煤炭企业与矿区社会和谐发展的重要保证，是对企业社会责任主动进行承担的重要表现。我们应当清楚，代表开采、利用煤炭的“黑色经济”时代已经过去，而循环经济技术的发展已经成为解决相关问题的重要途径。

通过对整个工业生产中的煤炭企业，还有循环利用过程能够用到的循环经济技术进行创新来对循环经济发展水平进行提高，以实现自然生态系统及工业系统的和谐发展。其实质指的就是怎样才能节约能源与资源，还有怎样能够在最大程度上减少破坏、扰乱生态和环境。在绿色开采、清洁煤炭的过程中，应当尽量避免资源在开采与加工时形成浪费；伴生物在开采过程中也应进行综合治理与高效利用，提升其利用效率；将重点放在植被修复和土地复垦上面，以便恢复和治理矿区地表生态；煤炭企业应努力限制其在生产和加工过程中各个方面的消耗，这对水电、土地和原材料的节约复用也是一种提升。

实现煤炭生产利用的社会、经济与环境效益统一就是煤炭企业循环经济技术创新的目标所在，以保证能源供应的稳定与安全，并保持经济的平稳快速发展。这主要可以在以下几方面体现出来。

①提升安全保障水平。开采煤炭不当时，很容易出现妨碍煤矿正常生产及危害人民生命财产安全的事故，如瓦斯突出和爆炸、矿井突水、采空区发火、地面塌陷与崩塌等一系列自然灾害，而一旦出现这些情况就会出现企业经济受损与大面积人员伤亡状况。煤炭企业必须结合实际，在开采煤炭时以安全为主，创新各循环经济技术，提升开采时的安全水平。

②提升资源综合利用率。煤炭企业在开发煤炭时应当努力减少浪费和破坏其他资源，提高资源的回收率，还要考虑节约因素，提高煤炭利用率，综合使用煤炭资源，并对废弃物进行二次利用，节水、节电，从而更好地提升附加值。

③提升生产效率和社会、经济效益。煤炭企业在生态环境保护和社会、环境等效益的提升中还要注意一点，那就是提高经济效益，也就是要做到经济发展和生态环保协调发展，其中提高效率等方法都是确保经济效益能够提高的方式。

④降低运行能耗。在最大程度上降低能耗与节约资源是煤炭企业循环经济创新的最大目标。因此，企业应当保证煤矿活动的全过程都要进行节能减排，这样才能更好地减轻能源消耗，在节能减排实施过程中还要开发和集成应用各项节能技术，以此让整个生产过程都能实现生态环保。

⑤减少污染、废弃物排放。煤炭开采与利用对生态环境有着非常重要的影响，煤炭企业也应当在进行循环经济技术创新时有一个基本的约束，其最高目标即为“零排放，无污染”。对循环经济技术进行集成和研究，且在煤炭资源开发的全过程中应用，以此来加强煤炭清洁产品的生产、消费过程，减少排放废弃物与污染，降低整个生产活动对于环境、人类的影响。

⑥减少对地下水、地表及自然环境的扰动和破坏。煤炭企业进行循环经济技术创新，就必须关注煤矿开采和废弃物利用对自然环境的扰动与破坏，虽然不能绝对保证生产过程对自然及生态没有扰动，但应采取较为先进的管理措施与技术，尽可能减少破坏与扰动。地下水系可能会因为矿井开采而受到破坏，并且还有可能造成矿井突水，由此就会有伤亡事故发生；同时还会因为井下垮落而导致地表塌陷，从而使地表的自然、生态环境都遭到破坏。此外，在进行开采时排放的瓦斯与废弃物会对自然环境造成破坏和影响。面对上述的这些情况时，企业应当在矿井的设计、建设、生产与关闭等全过程之中，对破坏地表、地下水系等情况进行充分考虑，从而使煤炭企业在开采煤炭的过程之中较好地把控其对生态的影响。

实际上，上面的六个目标可总结为四个字，那就是“三高三低”，即高效率、高能效、高效益、低排放、低能耗和低污染。所谓的高效率就在单位时间内提升煤炭废弃物的利用率；高能效即是提升能源利用率；高效益就是提升煤矿经济与社会总效益，同时这也是建设煤矿的主要目标。只有出现高效益，企业才能在建设与发展中得到充足的物质、人力资本，也才能更好地展开煤炭生态建设工作。同时，在增加煤矿效率和能效时，在社会、经济和环境方面也能加强煤矿企业效益，并且在达到“三高”的同时，按照循环经济技术创新总体目标，一定要达到“三低”标准。其中，低排放的意思就是减少废弃物排放量；低能耗即降低煤矿运行能耗；低污染则是尽量减少生态环境污染。

（二）支撑技术体系框架

煤炭矿区发展循环经济支撑技术体系包含了以下几部分：煤矿井下清洁开采技术、煤炭开采伴生物治理及资源化技术、煤矿地表生态治理技术、煤炭清洁转化技术与煤炭清洁燃烧技术五个方面，如图 4-1 所示。煤矿井下清洁开采技术就是考虑环境保护、减少污染的煤炭开采技术，是以控制岩层移动为基础，以保护环境为原则，通过实行保水开采、减沉开采及煤与瓦斯共采而减少对环境有害物和废弃物的排放，并且尽量减少环境损害努力提高资源回收率的开采技术。它的作用就是为了减轻污染之后治理的工程量与难度，并且进行了防护开采或是尽可能少地开采煤炭，减少煤炭生产对于环境和其他资源的不良影响等是其基本的出发点，而取得最佳环境效益、经济效益与社会效益则是其目标。

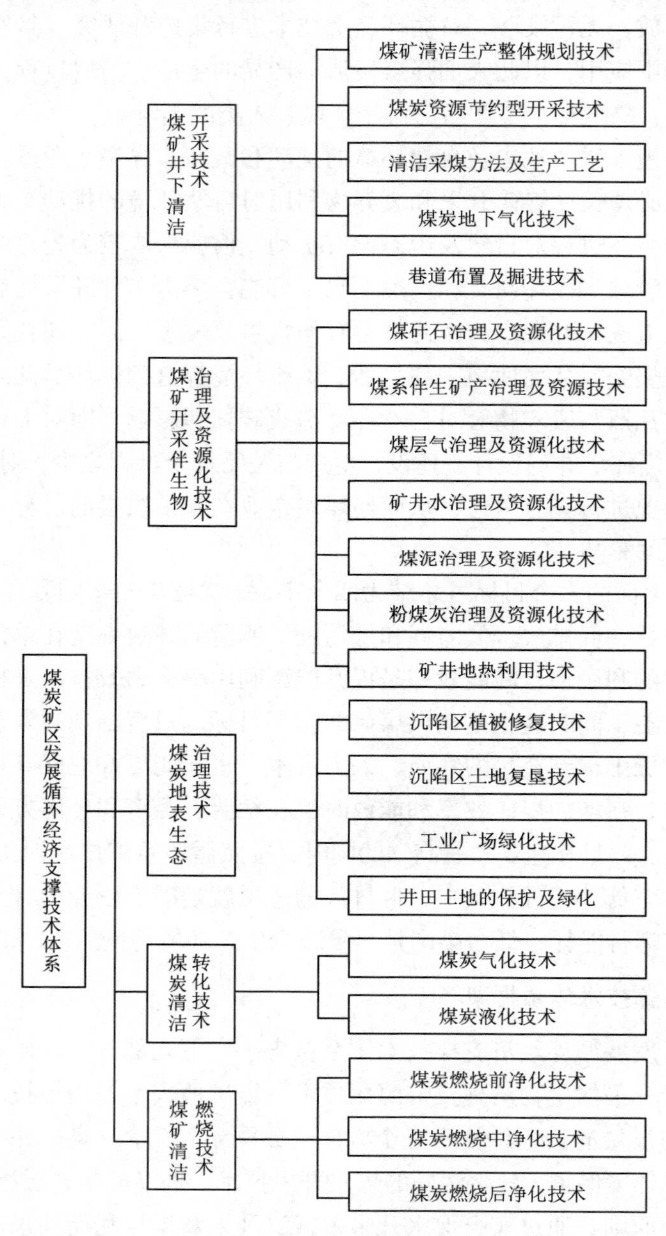

图 4-1 煤炭矿区发展循环经济支撑技术体系框架

其中，煤炭开采中的伴生物种类多，组成复杂，分采、分选、分离过程困难。随着科技发展与生态环境治理力度的加大，企业也在不断提升煤炭资源化技术与开采伴生物的技术，其中包含了煤矸石的治理和资源化技术、煤层气的治理和资源化技术、煤系伴生的矿产治理和资源化技术、粉煤灰的治理和资源化技术等。

煤矿地表生态治理技术是指企业根据采矿后形成废弃地的地貌和地形现状，结合采矿工程的特点与规划要求，综合地整治被破坏的土地，其核心是保护与修复，其目的是创造一个良好的生态环境。其中包含了沉陷区土地复垦技术与植被修复技术，井田土地的保护、绿化技术。煤炭清洁转化技术是指煤炭被采出后，转化为其他形态，以更加清洁的方式被利用，主要包括煤气化技术与煤液化技术。煤炭清洁燃烧技术是指煤炭在燃烧前、燃烧中、燃烧后清洁利用的相关技术，主要包括煤炭燃烧前净化技术、煤炭燃烧中净化技术与煤炭燃烧后净化技术。

（三）煤炭开采伴生物资源化技术

1. 煤矸石的资源化技术

（1）煤矸石对环境的影响

在很长的时间之内，煤矸石在选煤与采煤的过程中会被丢弃，因此那时几乎所有的煤矸石都被堆在了煤炭矿区之中。我国在治理煤矸石的思想方面会考虑到很多环境卫生方面的问题，这是因为我们还不太具备充足的环境保护意识，因此消极地存放才会变为普遍的处置方法。但这种方法是会带来很多有关环境和社会的问题的。

①煤矸石山会对生态环境造成污染。这主要体现在以下几方面

a. 破坏自然景观；

b. 形成扬尘；

c. 污染地表水和地下水；

d. 污染土壤；

e. 造成地面高温；

f. 污染大气。

②大量耕地被占用。土壤作为难以再生的资源，想要形成一片很薄的土壤都要经过上百年的漫长岁月，而中国的耕地资源又十分紧张与宝贵。由于不断增加的煤矸石排放量，其占地面积还将会慢慢扩大。对于我国而言，在这样人多地少的情况之下，之后将发生的景象会是不堪设想的，因此我国社会与经济

发展因为煤矸石排放所受到的危害已经无法被人们继续忽视下去了，因此应当尽快对其进行治理。

（2）煤矸石的综合利用

①农业应用。煤矸石可作为有机复合肥矸石，其中包含了大量粉砂岩或炭质页岩，这些物质中就包含了植物生长所需要的各种微量元素，其在经过粉碎磨细之后，按照一定的比例缓和过磷酸钙，再加上适当的水与活化剂充分搅拌，经过一系列技术后即可制成新型的农肥，而想要得到全营养的矸石复合肥则只需掺入 N、P、K 即可。其涵盖了丰富的微量元素、有机质，适应能力很强且易被吸收，有长效、速效、成本低廉的特点。

人们通过利用煤矸石酸碱性及其自身含有的营养成分与微量元素，再加入适量的有机肥，就能够有效地对土壤结构进行进一步改良，并且增强土壤的透气性与疏松度、土壤的含水率等。煤矸石经过这样处理就能丰富土壤腐殖质、促进各细菌的新陈代谢、促进植物生长。

②煤矸石发电。废弃物通常都会在采煤过程中被排出，但它们是含有一定量的有机质的，因此可以对煤矸石加以利用，让其在沸腾炉中燃烧发电和供暖，而在燃烧之后，剩下的灰渣可以用在生产水泥材料上。近些年来，我国大力发展煤矸石发电，其中十分重要的一项技术就是我国的流化床燃烧技术，并且伴随我国对循环流化床、煤泥发电、加压流化床等新技术的开发，矸石发电由此创造了很多价值。

2. 煤系共伴生矿产的资源化技术

（1）煤系石英岩类矿物资源的综合利用

①资源分布及特点。我国含煤地层中存在着非常广泛的石英岩，其储量也是十分丰富的，我国在煤系地层中已经被探明的石英矿床总储量非常可观，再加上已经开采而未统计在内的老矿区、地方矿，其远景储量也都较为可观。我们的震旦系地层是煤系石英岩的主要分布地区，尤其是其在华北地区分布极广。它属于浅海相沉积，经过长期风化、搬运、分选、磨蚀之后又经历了多旋回作用，形成岩层，后经压溶、重结晶作用，矿石致密、坚硬，常以聚煤盆地的基底沉积层而出现，是含煤地层中常见的、储量非常大的岩石矿床。

②开发利用石英岩类矿石。煤系石英岩类矿石除了有丰富的储量，还有广泛的用途，尤其在冶金、建筑和铸造等部分的使用量是非常大的。与天然石英砂相比，一级的石英岩类矿石的纯度会更高，因此在工业中企业会经常在分选并粉碎煤系石英岩类矿石后进行使用，其用途主要有下面几点。

首先是制造陶瓷、玻璃材料。石英砂或是石英岩类矿石属于玻璃、陶瓷在生产时的主要用料，其主要成分 SiO_2 会使玻璃具有很好的机械强度、透明性、热稳定性与化学稳定性等优良性能，其是作为主要物质在玻璃结构中存在的，其用量按照玻璃类型的不同在 45% ～ 85% 范围内变化。

其次是冶金工业。石英岩类矿物在冶金工业当中主要是用来冶炼工业硅、硅铁及其他硅质合金的。在冶炼硅铁时，其主要成分是还原剂、硅石和铁屑。煤系石英岩类矿石在高温之下被碳质还原成了单只硅，而工业硅则需要提纯加工。硅和铁在互熔时可以按照任意比例搭配，由此可形成多个状态的硅铁化合物，最稳定的就是 SiFe，硅铁的牌号就是按其中的含硅量的多少划分的。生产一吨硅铁，大约要消耗 2 ～ 2.2 t 硅石。

最后是在其他方面。很多煤矿都会将煤伴生和直接开采的石英岩原矿，或是加工后形成的不同级别的硅微粉和硅石粉等列为产品进行出售，由此来获取不同程度的社会经济效益。另外，硅石粉与比例不同的碱金属氧化物产生反应便能生成水玻璃，其被广泛应用在建筑、铸造、洗涤和冶金纺织等行业中。

（2）煤系硫铁矿的综合利用

①资源的分布和特点。我国煤系共伴生的硫铁矿资源是非常丰富的，并且在我国的高硫煤产区中，除了煤中疏分高以外，硫铁矿的富集层还在许多直接顶底板与夹矸之中，该类硫铁矿层虽然没有多少厚度，但是其胜在含硫品位高，而且在夹矸之中的通常是结核状硫铁矿，其随着洗选加工与煤炭开采被丢弃，浪费了大量的资源，同时还造成了十分严重的环境污染。

②对煤系硫铁矿的加工利用。硫铁矿在经过精挑细选之后主要是用来制取硫磺和工业硫酸。我国土法炼制硫磺历史悠久。土法炼磺不仅硫磺的回收率低，会造成资源浪费，而且还会严重污染环境。如今大部分制磺厂家都已经采用了新型的炼磺炉，能够在炉内就完成三个理化反应，即分解、氧化和还原。

3. 煤层气的资源化技术

（1）优质民用燃料

从煤层气上看，不管是矿井抽放还是地面的钻井开发，其首要位置一直都是民用。因为人们可以按照需要来调整煤层气的热值，其并没有煤炭干馏物质，不需要过于大的净化处理装置，不会将输气设备堵塞且不会造成腐蚀，因此非常适合作为民用燃料。

（2）工业燃料

①加工工业燃料。加工工业燃料可以使用煤层气，如在冶炼厂和玻璃厂中使用。就目前的玻璃厂熔炉来说，其燃料还是以煤炭为主，而煤层气不仅有很

高的热值，而且可以很好地提升产品质量，并能对厂区环境进行改善，且还会降低很大一部分燃料成本，因此会有助于提升玻璃厂的经济效益。

②发电用燃料。作为一项多效益型的煤层气利用项目，使用煤层气发电能够有效地将矿区中的煤层气向电能转变。煤层气发电机设备的不同型号包含了不同浓度的煤层气。煤层气不仅适用于燃气轮机和往复式发动机，同时还能作为锅炉燃料进行蒸汽发电。

③汽车燃料。如今，大部分城市都已经开始普及使用天然气的汽车替代使用汽油作为燃料的汽车，因此天然气的需求量也开始逐步增大，随之而来的问题就是天然气的供需问题。用煤层气替代天然气也已经是大势所趋，部分煤矿已经开始对井下抽放的煤层气加以利用作为汽车燃料了，其已经逐步替代了矿区交通运输车辆的传统燃料，并且也获得了较好收益和丰富经验。

（四）煤矿地表生态治理技术

1. 煤矿开采土地复垦

（1）煤矿开采土地破坏形式及特征

煤矿开采可分为两大类，即露天和地下的。由于存在不同的采矿工艺，所以就致使矿区土地与生态破坏的特征、形式等也都有所不同。采煤造成的土地资源破坏可以基本分为三类：塌陷、压占与挖损。其中，塌陷形成的主要原因是地下开采沉陷，有着产生裂缝、附加坡度与地表下沉等特征。例如，由于地下沉，高潜水位矿区会形成沼泽化与土地盐渍化，甚至会因积水而导致耕地无法耕种；压占土地则包含了露天开采的坑口粉煤灰、大量剥离物和地下开采的矸石排放等，矿区环境污染与破坏景观等是其主要特征；挖损则指的是露天采矿场会完全破坏土壤的结构，然后留下几十米或几百米的大坑，破坏程度非常大。煤炭开采使地面变形具体包括以下三个方面。

①岩溶地面塌陷。煤炭开采是在岩溶发育地区的，为了确保矿井的安全生产，矿区将从井下每天排出大量地下水。而因为石灰岩水被长期的抽排，结果就会使得灰岩的水位大幅下降，水的流速变大且水流的坡度也在不断增加，使水冲走溶洞中原有的充填物，最终出现潜浊的作用。在上覆盖层有着较好密封的情况下，由于水位下降，会导致原本已经变成隐伏性土洞的上覆地层塌陷，局部地区还会形成塌陷群，从而形成区域性的地面塌陷。

②采煤塌陷区。井下开采是我国煤炭工业的主要形式，使用这种方式开采出的煤炭占我国煤炭产量总和的 95%。其中，塌陷指的是因为采煤是在井下，当顶板冒落后引起的地面塌陷。井下开采层状煤层时，顶部岩层因为大面积已

经被采空了，所以就会形成椭圆形的地表塌陷，而开采了倾角较大的煤层之后，则就会形成季节性的集水塌陷区。整个矿区的生态环境都会因为开采后形成的大片水域而发生根本的变化，又因为陆地生态已经逐渐转化为水生生态，那么土地的利用系统结果同样也会发生巨大转变。同时，矿区和其周边的居民都会因为采煤造成的塌陷而失去基本生活的条件，导致很多社会环境的问题。

③区域性地面沉降。矿区有厚松散层覆盖的地区，工矿企业和区内的居民常在没有统筹安排和总体规划的情况下，就去开采浅层的地下水。同时又因为矿区井位分布并不合理，所以不能严格控制开采量，如果开采过量则会导致地下水位持续降低，产生不断扩大的降落漏斗，地面上发生严重沉降的地区也已经危害到了地面的建筑物，这与居民的生命安全和日常生活是存在紧密联系的。

（2）煤矿开采土地复垦技术

①土地复垦的生态学原理。我国著名的生态学家马世骏于 1979 年首次提出生态系统工程的概念。其中，有两个功能会在生态系统的动态变化起作用：第一就是因为系统里共生物种具有协调作用，从而形成在结构、功能上的生态系统动态平衡；第二就是物质循环在系统中的再生功能，其指的就是基于多层营养结构形成的物质分解、转化、富集与再生。在经济学的角度中，自然生态系统中的生物成员可以将环境之中的资源高效且合理地利用起来，以此实现功能与结构的最优化，应用该原理最具代表性的就是矿区废弃土地复垦。煤炭开采土地复垦在目前来说，其生态学的原理主要有生物与环境的协同进化原理、生态位原理、生态与经济效益相统一原理等。

②技术特点。土地复垦具有非常明显的多学科性，所以会需要用到很多知识，如技术科学、自然科学与社会科学等，属于非常复杂的系统工程。因此，这些特征就决定了土地复垦技术在实行时就具有广泛性、复杂性与多样性。而一项科学的矿山土地复垦技术就应当将每个需要用到的学科中先进、成熟及正在推广的技术，从长久角度出发，优化生态环境。

③基本模式。按照复垦的顺序来说，煤炭开采土地复垦基本包含了两个阶段，即工程与生物复垦。其中，工程复垦指的是按照采矿之后所形成的废弃地的地貌与地形现状，使用采矿的工艺与设备，对已经被破坏的土地实行回填、平整和综合整治等。造地是工程复垦的核心，建立起一个生物复垦阶段生物群落也就意味着能够建设出一个良好的生态环境，而生物复垦是包含了植被重建与土壤培肥的，迅速地建成人工植被群是其核心所在，也就是说要将人工植被建立在良好的生态环境之中，从而形成人工群落。因此，其关键就在于土壤培肥与熟化，还有怎样对复垦地的“生土”熟化过程进行加速。

2. 煤炭流通环节的污染治理技术

（1）煤炭装卸对环境的污染

在煤炭生产单位、集运中转站及使用单位，煤炭的装卸都是一道主要作业环节。由于煤炭装卸作业采用的主要机械设备不同，煤炭装卸对环境的影响也有区别。在大型煤炭生产企业，由于煤炭的装卸多在封闭的条件下进行，对环境的影响相对较小；在中、小型煤炭企业，露天装卸方式产生的煤尘对环境影响很大。目前我国各类规模的煤炭集运中转站几乎均采用露天作业方式，吞吐量大，环境问题比较突出。装卸作业扬尘是产生煤尘污染的主要原因之一。煤炭使用单位装卸系统扬尘也是引起煤尘污染的一个主要原因。中、小型煤炭用户，因装卸工艺简单，设备简陋，机械性扬尘反而严重。

露天机械化装卸煤作业，因室外风力的作用，加剧了细粒煤粉下落过程的横向扩散程度，使扬尘量增大。扬尘量的经验数据为 0.033 ～ 8 kg/t 煤。不过由于煤炭机械性扬起的粉尘粒度较大，故悬浮迁移距离较短。一些资料表明，相距 30 m 的两个监测点，在环境风速为 2.5 m/s 的条件下，从机械卸煤场所下风向 5 m 的对照点处与下风向 80 m 的对照点处，TSP 的浓度递减 12.8 倍。因此，相对而言，当环境风速不大时，其扬尘影响的范围也不大。当然，大风天气条件下，露天煤炭装卸作业将会引起严重的煤尘污染。

（2）煤炭运输对环境的污染

公路运输是一种被广泛采用的运输方式，它最主要的优点是具有很大的灵活性。向分布在各地区煤炭客户发运小批量煤炭，公路运输便成了最主要的运输方式。公路运输主要存在两个环境问题：一是空气污染，二是噪声和振动。空气污染来自两个方面：一是运输工具自身排放废气造成的污染，二是风吹煤炭扬尘和路面扬尘造成的污染。铁路运输煤炭带来的主要环境问题是噪声、振动和扬尘，其次是机车排汽对空气也有一定的污染。铁路运输过程中粉煤损失及其对环境的影响一直是一个突出问题。粉煤损失量与车辆类型、运行速度、运行时间、运行距离及是否采取预防措施等因素有关。

（3）煤炭贮存对环境的污染

煤炭多是露天贮存。在煤炭生产、集运和使用的贮存期间，均会出现其特有的环境问题，即主要表现为煤堆的风蚀扬尘和受雨水冲刷而造成含煤黑水漫流。国内煤炭生产单位大多数集中在华北、西北、东北和华东的北部地区。这些地区相对而言呈多风、少雨、干燥的气候特点，因而煤炭在露天地存时起尘量较大。特别是建在产煤区铁路干线沿线和大型海运港口的煤炭集运中转站，它们的庞大露天贮煤场必将受到西部肆虐的狂风与沿海暴风雨、强台风侵袭，造成大规模扬尘和煤泥水流，平均损耗率在 1% ～ 3%。

煤炭堆存扬尘是在达到相应的尘粒启动风速的情况下发生的，但扬起后并不一定会引起环境污染。只有在风速足够大，不仅能使尘粒扬起，而且具有相应的输送动力情况下，煤尘才可能越过厂界飘逸到外部空间，引发环境空气的污染。

第三节　矿区循环经济的建设

一、矿区资源开发利用与环境的关系

矿区在给社会提供大量矿产资源，促进人类进步的同时，严重破坏了自然环境，这就将促使人们对传统的工业生产模式进行反思，从而得到环境、经济发展之间能相互协调的经济发展模式，但同时这需要有新的经济理论加以指导，而循环经济就是这一方面的具体经济理论。

在开发和利用矿区资源是和其他的工业一样的，存在着生态的不充分性。这也就说明了，其是处于自然生态系统“食物链”之中的，但是该工程并不是封闭的，而是一个开环的系统，因此这一系统在运行过程中有着不可持续性。目前矿区矿产资源开发和利用的过程如图 4-2 所示。

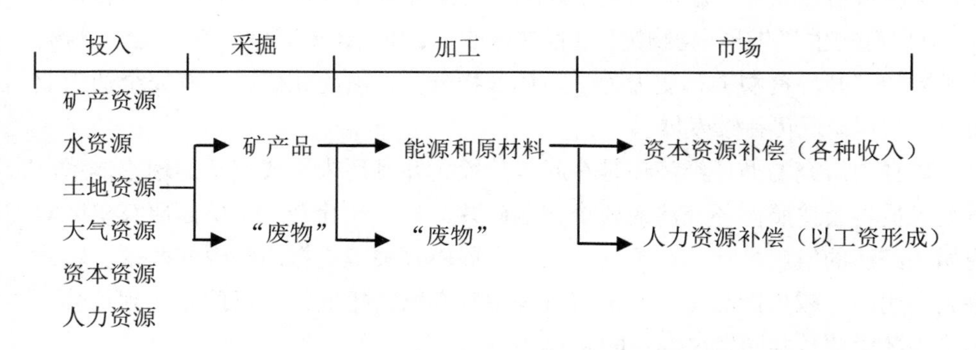

图 4-2　矿区矿产资源开发利用流程图

在开发和利用矿区矿产资源的过程之中，在资源的初始投入及生产销售之后，只有两种资源能在矿区的“食物链”过程中获得补偿，那就是人力资源与资本资源，而且这是在循环进行的，其他投入的资源都不可以。这样一来，我们就可以将矿区矿场资源开发利用的流程定义为一个开环流程，意思就是在如今这样的一个生产模式之下，矿区“生物链”不是一个闭环的原因，即在开发

利用矿区矿产资源的过程中是有很多废物存在的，其有很多是直接处于自然生态系统中，而并没有在矿区生产的过程中参与循环。因此，我们可以将其作为矿区的生态环境恶化的原因之一。

开发矿区矿产资源的开环状况会使得生态环境面临很多问题，比如出现“三废”，也就是废气、废水和固体废弃物。

因此，在开发与利用矿区矿产资源时，企业应当首先考虑到自然系统会出现怎样的影响，只有矿区的自然生态与生产过程相互协调了，矿区的可持续发展才会真正得以实现。

二、矿区实现循环经济模式的研究

我们的广大矿区如今都相继面临着经济、社会和环境这三大压力。而如何协同解决减轻这三大压力，人们一直在进行探索和研究。从环境压力方面上说，不管是国家或是相关地区，相关部门已经制定了一系列的法规和政策来限制矿区进行土地复垦与排放“废弃物”，而其目的就是为了降低自然生态资源因为矿区矿产的资源开发而产生的不良影响。

目前，大多数矿区从清洁生产和产业链延伸的角度出发，目的之一是为了消除或减轻对矿区生态环境的影响。从辩证角度上说，矿区为了延续自身的经济活动，只能对环境保护加以重视，这样也能实现矿区的持续发展。矿区为了真正实现可持续发展，就应当充分地利用与遵守能量守恒定律和物质的转化原理，对现有的生产“开环食物链”过程加以改变，并且还要有针对性地处理废物，将矿区的“开环食物链”变为为“闭环食物链”，由此让矿区具有完全的工业属性，实现矿区可持续发展。

矿区内研究的循环经济还是在起步阶段，并且还未形成完整的理论体系。研究人员将会按照循环经济的要求，在矿井、矿区和社会三个层面研究矿区实现循环经济的发展模式。实现这一经济发展模式关键是提高资源回收率、转化率和利用率，减少产品生产和消费过程中废弃物的排放量，以此来达到社会、经济和环境效益共同发展的目的。

首先，应在矿井中推动清洁生产，从而实现资源利用小循环。面对矿区传统工业生产模式对自然生态环境造成的影响，人们一直在检讨这种生产方式，同时也一直在探索新的生产替代模式，以利于工业生产与自然生态环境相融洽。由于对自然生态环境影响的源头在于微观企业的生产过程，因此人们从微观层面入手，提出了“清洁生产”这种生产模式。相对传统生产方式，“清洁生产”属于新的创造性思维，其是将整体的预防战略在生产的产品、过程与服务中进行持续应用，以此来达到减少人类、自然的风险，提高生态效率的目的。与此同时，在生产的产品、过程与服务中，“清洁生产”也提出了它的各种要求：其要求产品应减少从原材料加工直到产品处置全生命周期过程中所产生的一系列不利影响；要求节约生产过程中需要用到的原材料和能源，并减少所有废弃物产出数量。

与传统的生产模式相比，“清洁生产”模式的创新思想就是重视自然生态环境，并且由末端治理环境的方式转换为从源头开始控制，也就是从被动治理转为主动防治，从末点控制向全过程控制转变。因此，人们保护自然生态环境理念上的重大突破就表现为“清洁生产”，同时从生产过程上看，这比从末端治理更加有效。

要想将矿区的被动治理转化为全过程生产预防，在根本上实现矿区环境保护转变，就应当将创造微观条件融入环境的可持续发展当中，从矿井的微观层面看，按照生态的效率理念，就是应遵循 3R 原则，大力推行清洁生产，从生产过程和产品入手，对能源和资源的利用效率进行提升，并且减少废弃物的排放量与产生量。同时利用各种方法对矿产资源的技术水平加以提高，从而使得有限的矿产资源能被合理并充分地利用起来。

为了让开采过程的有害物质排放量和物料的使用量减少，就要改善矿产资源开采技术。从开采技术角度出发，改革巷道的采矿工艺、布置方式，并要改变矿井的开拓布局等，尽量使用先进的工艺与装备，综合开发水资源、矿产资源、共伴生资源与土地资源等。以煤矿为例：①对巷道的布置方式加以改革，因为掘进岩石巷道是生产煤炭时排出矸石的主要来源，所以其紧密联系着采区巷道的布置与矿井的开拓系统，因此应当对巷道的布置方式进行改革，尽量使用少开岩巷的巷道布置等，将矸石的排放量在源头就控制好，同时这也是符合源头控制理念的；②对采煤的工艺与方法加以优化，这种做法能够使煤炭的质量得以提升，同时还能实现矸石不出井与矸石回填等环保目标；③对煤矿生产污水的处理技术进行提升，为了有效减少污水排放量，可以分类处理矿井水；④将井下瓦斯抽放技术充分利用起来，因为生产时的瓦斯涌出量及矿井煤层的瓦斯含量是决定了煤矿矿井含有多少有害成分及向大气排放了多少废气数量的，因此使用瓦斯抽放技术，除了能够保证生产安全，还能减少矿井污染环境的程度；⑤提高资源回收率，建设节约型企业，煤炭属于不可再生资源，并且也是煤炭企业生存与发展的重中之重，在未来的市场竞争中，谁拥有更多的资源谁就会处于有利地位。关于矿区的人均占有资源量较少的问题，东部矿区的煤炭储量面临着渐渐枯竭的态势，除了积极实施走出去战略，获取更多的后备资源外，更现实、更重要、更迫切的任务就是要珍惜矿区的现有煤炭资源，并始终坚持挖掘资源的潜力。

为提高资源回收率，企业需要在布置工作面、采区布局、设备选型、回采工艺、计量考核和现场管理等各方面入手。一是积极开展“三下”采煤技术攻关，解放“三下”呆滞煤量；二是运用高科技手段，开展防火与灭火技术试验研究，逐步解放受火灾威胁的呆滞储量技术，进行断层煤柱、边角煤柱开采技术的试验研究，最大限度回收煤炭资源，最大限度利用好矿区现有资源；三是努力开发先进适用的节约和替代技术，积极推广新型支护材料和节能电器；四是广泛采用先进技术，淘汰落后设备、技术和工艺，大力推进节能、节水、节材和资源综合利用的技术改造；五是大力开展回收复用、修旧利废。企业坚持环境保护与清洁生产，综合利用好粉煤灰与煤矸石，让环境和经济相协调。

要提升矿区产品层次，大力发展矿产资源洗选加工转化技术，避免浪费与过度污染。作为原材料和各个工业生产能源的提供者，矿区的产品性能始终影响着后续厂商的产品。因此，对于保护厂商生态经济系统与自然生态环境来说，加强对矿区矿场资源的清洁生产控制是非常有必要的。而从煤矿的角度出发，对原煤产品应当先进行粗加工，之后再深加工与精加工等，大力发展选煤、民用型煤和动力配媒等，对煤层气进行开发利用，接着再对煤炭燃烧技术加强研究，最终使煤炭能洁净且高效燃烧。

发展坑口大机组火电，促使煤电联营，减少因为运力的污染。我国铁路每年都要运输大概 7 亿 t 的煤炭，这样大的运输量除了会占用极大的运力，同时还会让煤炭在运输、转载过程中造成不同程度的粉尘污染。而坑口大机组火电，是将输电代替了运煤，使大部分煤炭用户开始用电而放弃燃煤，这样一来，除了能够节约大量运力外，还能提升能源的利用率，减轻煤炭的终端消费等。同时，坑口电厂可以就地消耗大量低热值燃料，解决煤矸石和煤泥对环境造成的污染，缓解运输压力，降低发电成本，调整矿区产业结构。

在矿区层面上，对生态工业园区进行建设，以实现资源利用中循环。在矿区的微观层面上对“清洁生产”模式加强推动，会使得矿区自然生态环境和开发利用资源可以协调共处，且在微观层面中，可以实现其资源的小循环利用。但人们仍要注意的是，“清洁生产”模式在实践中并没有将矿区生态经济系统的实质充分改变，有关矿区的社会、经济和环境的压力，还有一些协调发展的问题也并没有从根本上得到解决。而其中所存在的问题并不是可持续发展能力不能在“清洁模式”中实现，而是就整个矿区来说，生态经济网络系统中的清洁生产都是由单个的个体在内部运行的。也就是说，由于“清洁生产”只是在微观层面的单个个体进行，所以能改善局部环境，但在中观层次上则会受到限制。因此，单纯凭借清洁生产是很难解决矿区内生态经济系统的所有问题的。因此，这就要求我们在寻求矿区可持续发展的过程中，在考虑单体的基础上，从总体上来考察整个矿区的可持续发展问题。

生态工业学是生态工业的基本原理。通用汽车公司研究部副总裁罗伯特·福布什和尼古拉斯加·罗布劳斯于1989年在《科学美国人》中发表了题为《可持续发展战略》的文章，文中正式提出了生态工业和生态工业学的概念。将工业看作是与自然生态系统类似的封闭体系，同时将一个单元所生产的废弃物变为另一个单元的原料或投入物，这便是生态工业学的基本内涵。而这样的工业也就能够处于一个相互作用与依存的状态，就像是自然生态"食物链"的工业生态系统。而生态工业是根据生态工业学这一基本原理建立的，符合自然生态系统环境承载力、物质、能量和信息高效组合利用及工业生态系统稳定协调发展的新型工业组合和发展要求。同清洁生产模式相比，生态工业属于比较高的一种形式，它从系统整体的角度出发，并对不同生产单元的废弃物进行分析与利用，同时将废弃物构架所利用的形式、各个个体单元都进行组装，不仅能够从根本上解决区域废弃物对自然生态环境的污染问题，同时也给区域产业发展提供了新的思路和空间。

怎样才能实现区域的生态工业化这一问题，人们在历经大量的实践与理论研究后，认为实现生态工业化的重要途径应当是建立生态工业园区。我国也开始普及生态工业园区这一理念，在各地区建立了若干生态工业园示范区。最为典型的当数广西贵港国家生态工业（制糖）示范园区。该园区的核心是上市公司贵糖（集团）股份有限公司，主要框架为蔗田、制糖、酒精等六大系统，并通过盘活、优化、提升、扩张等手段，建立了生态工业（制糖）示范园区。六大系统内分别有产品产出，各系统之间通过交换废弃物与中间产品而衔接。示范园区的组成主要是三条主生态产业链：第一条是甘蔗——制糖——废渣造纸生态产业链；第二条是制糖——废糖蜜制酒精——酒精废液制复合肥生态产业链；第三条是制糖（有机糖）——低聚果糖生态产业链。这三条主生态产业链相互之间构成了横向耦合关系，并在一定程度上形成了网络状。由于每条生态产业链中，其下游企业生产所需的原料都是上游生产过程中的废弃物，因此这是一个较为完整的闭合生态工业网络。园区内企业可以进行充分地资源配置，能够有效地使用废弃物，使环境污染达到最低水平，从而实现高产出、低投入、高效益和低污染的目标，为全国工业系统提供了理论支持和可以模仿的实践模型。

矿区具有物质和能量的梯级流动的“食物链”流程，并且在这个流程中产生了使其不具有完全生态属性的废弃物，因此我们有理由说，矿区能够发展成为生态工业园区。矿区应当遵循生态工业学的基本原理，通过企业间的能量、物质与信息集成等，建立起企业之间的共生关系，实现工业代谢，从而建立起矿区工业生态园区。

若是人们轻视甚至忽视可持续发展研究中的生态产业共生体系，那么也就谈不上让矿区实现可持续性发展了。因为一个粗放的单一产业格局是无法承担可持续发展的经济基础性作用的，也就更不用谈什么区外经济耦合协同发展了。同样，相互独立的内部系统、“孤岛式”条块分割的运行系统加上“坐吃山空”的发展模式，这些也都无法继续生存和发展下去。

在矿区周围，以矿业为依托，会形成独具特色和一系列辐射企业的区域经济，而区域经济一体化也将是未来发展的趋势。一个矿区如果没有区域性协调发展，那么其将会一直孤军奋战。因此，矿区应将矿业作为龙头，并与周边的第一、二、三产业相联系，建设起高就业、零排放与高效益的生态工业园区，可以说，这对于矿区和区域经济、社会等可持续发展来说是非常好的选择。

从社会层面来说，要实现资源利用的大循环。全社会应当适当地减少消费过程的污染与资源浪费，以此来实现消费过程中后期的能量、物质的循环，这样到最后也就能真正实现社会层面资源利用的大循环了。在矿区中，企业要将源头控制代替末端治理，将集中控制代替分散治理，从而努力减少矿产品消费过程中出现的污染与资源浪费的问题，促使消费过程中后期能量、物质进行循环。因此，为了实现社会循环经济，矿区应首先在自己的产品上多下功夫。

三、矿区发展循环经济的有效途径

（一）理论证明

1. 理论探源

理论上说，在 20 世纪中叶才兴起了资源循环利用理论。美国的经济学家肯尼斯·E·鲍尔丁在 1966 年发表了文章《未来飞船地球之经济学》；替代弹性常数生产函数所引出的持久争论；罗马俱乐部和“世界末日预言”；莱斯特·布朗和生态经济思想；社会公正、资源循环利用。上述这些都是将资源的循环利用在不同的角度进行阐释，对其在人类生产活动中是客观存在的这一观点进行了充分论证。

2. 循环经济的核心内涵

资源的循环利用即为循环经济的内涵。曾有教授学者明确指出过，循环经济的本质是生态经济，其在对人类经济活动进行指导时运用的并不是机械论规律，而是生态学规律。循环经济所倡导的模式则是同环境相和谐的经济发展模式，其将类似反馈式的流程应用到经济活动组织中，低开采、低排放与高利用是其主要特征，而在这一不断进行的经济循环当中，一切的能源与物质都会得到持久且合理的利用，从而将自然环境受经济活动的影响降到最低。以上的概括可以说是较为完整的，其中也不难看出资源循环利用才是循环经济的核心内涵所在。

基本特征为资源节约与循环利用的经济形态即为循环经济，同时还可以称之为物质闭环流动型经济，或是资源循环型经济。资源的循环利用在理论上就是循环经济的核心内涵，其在社会经济活动中的行为准则是“减量化，再使用，再循环”，但为了实现该过程，则需要人们给予资源循环利用的过程。通过较少的投入实现既定目标是减量化的原则要求；资源要以初始化的形式进行多次使用则是再使用原则所要求的；再循环原则则是要求产出物品在功能完成后又变为可利用的资源。资源循环利用在循环经济中的体现可参见图 4-3。

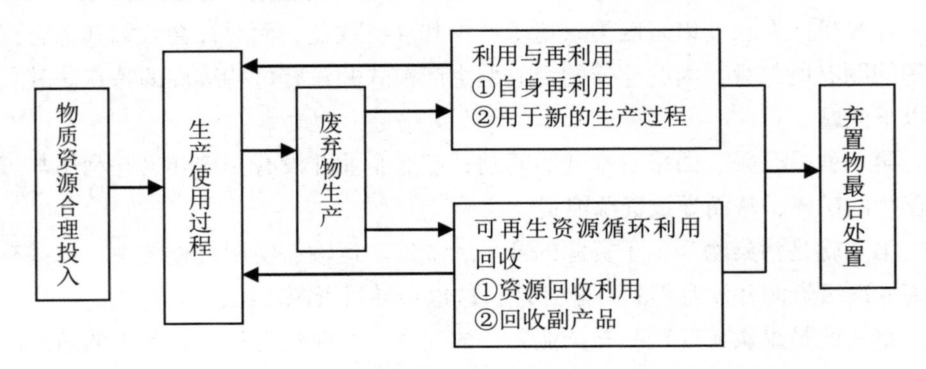

图 4-3　资源循环利用在循环经济中的体现

3. 生态产业的本质

实现物质资源循环利用的循环经济即为生态产业的本质。要是反过来说，按照生态的规律，对自然资源加以利用，从而实现经济活动的生态化转向即为循环经济。其所倡导的经济发展模式是建立于不断循环利用物质的基础之上的。

（二）实践证明

实践方面，我国发展循环经济的路径与发达国家不同。我国如今发展循环经济的目的是为了对传统的经济增长模式进行改变，并且走新兴的工业化道路和对复合型环境污染等问题加以解决，从而更好地实现全面建设小康社会的目标。而西方的发达国家发展循环经济首先是从消费领域的废弃物解决问题开始，逐渐延伸至生产领域，其目的是为了改变大量消费、生产和废弃的社会经济发展模式。

我国开始实践循环经济是从工业领域开始的，它的外延、内涵等已经逐渐拓展到了清洁生产、工业生态园区及循环型社会等三个层面上。首先，清洁生产主要是为了减少废物、生产清洁产品等，其重点是控制了单个企业的生产过程；其次，生态工业网络则主要考虑的是，各个生产过程中的能量、物质集成，从而实现对能量的高效利用和废物的循环利用；最后，就是社会副产品的大循环。我国的循环经济实践模式非常重视对区域层面的中循环，也就是工业园区要在生态产业链中，工业园区要联系起相互有所关联的生态产业链，并通过产业链和企业之间的循环利用、废物交换与清洁生产等，减少甚至杜绝废弃物排放，这也足以说明了生态工业园区的建设是实现循环经济的关键和基础。

煤炭矿区在长期以来因为只追求产量和经济效益，而对社会效益和综合开发等问题有所忽视，因此这样的粗放型生产模式并没有可持续性的特点。其具有以下问题。

第一就是开采、回采效率低的问题，矿区企业并没有充分开发并利用与煤共伴生的矿体，从而导致资源浪费。

第二就是污染物产生于资源的开采、洗选、运输、使用过程之中，一些有危害的次级资源并没有得到科学处理，这也会导致资源污染。

第三就是煤炭矿区产品与产业单一的问题，企业没有从资源利用的角度出发，形成多产品与产业的经济结构。

在一系列理论与实践分析中我们可以明白，矿区的主导产业是矿业，要坚持循环经济理念，只有紧紧地围绕资源循环利用的核心，坚持科学发展观，在煤、与煤伴生资源和次级资源的基础上，构建循环利用产业网状链，我们才能在根本上把握循环经济的指导思想、发展脉络与实现途径，从而形成矿区生态工业园，早日实现矿区的可持续发展。

第五章　矿区的土地复垦与固体废弃物利用

将采矿等人为活动破坏的土地因地制宜地恢复到人们所期望状态的行动或过程就是矿山土地复垦。矿山固体废弃物的主要来源是采矿后产生的废石和矿山选矿产生的尾矿。目前，我国对矿山固体废物的利用率还是偏低。本章主要分为矿区的土地复垦、矿区的固体废弃物利用两部分。

第一节　矿区的土地复垦

一、矿山土地复垦概况

土地复垦是指通过工程、生物等措施手段，一方面对生产建设过程中，因矿产开采活动而造成的土地挖损、塌陷、压占问题进行解决；另一方面是指对由自然灾害而引发的土地破坏、废弃问题进行处理。这两方面的目的均是针对土地进行整治和恢复，使其能够继续用于农、林、牧及渔业和旅游业，并且在条件合适的基础上，这些土地也可成为其他工业或城乡建设用地。

（一）矿区土地复垦研究背景

我国土地使用的具体现状是人均土地不足，并且在粮食安全生产方面，存在着巨大的压力。基于此现状，为使我国 18 亿亩耕地能够得到有力的保障，失地农民就业问题得以解决，工农矛盾能够得到缓解，城乡用地增加挂钩得到实现，并且使现代农业能够得到保障的一个重要措施就是土地复垦与生态重建。近年来，由矿产开采而带来的诸多环境破坏问题、耕地被挤占问题及社会问题越发严重，这些问题得到了社会的广泛关注，其中废弃地土地复垦和生态恢复，这一问题一直是跨学科研究的热点。

（二）矿区土地复垦的现状——我国

首先，井工开采带来的土地破坏问题主要是地表塌陷和矸石山占压。其次，露天开采带来的土地破坏问题主要是直接挖损和外排土场。据估算，我国每开采出万吨煤矿，随之而带来的沉陷面积在 0.2 hm^2 以上。目前，我国的开采沉陷区面积在 45×10^6 hm^2 以上，这些沉陷区主要分布于华北、东北、西北及西南和华中等地区。综观煤炭的生产过程，其所产生的煤矸石，占总体原煤产量的比重一般为 8% ～ 20%，平均下来约为 12%。

我国煤矿年平均排放矸石约 2.76 亿 t，其中各大中型煤矿的矸石山，不包括 8 万个乡镇及个体小煤矿产生的矸石山在内，已达 1500 座，其所堆放的煤矸石数量更是达到了 30 亿 t，占用了大量的土地。目前，我国排矸量将每年增加 2 亿 t，年新增占地面积将近 667 hm^2，这将进一步加剧我国可耕地资源短缺的局面。我国部分金属矿山土地复垦情况，可归纳如表 5-1 所示。

表 5-1 我国部分矿山土地复垦概况

矿山名称	矿山占地数量 /hm^2	复垦土地数量 /hm^2	复垦率 /%	复垦场所及方式	最小覆土厚度 /m
马兰铁矿	28.7	33.3	116	在滦河边农业复垦	0.2 ～ 0.3
莱州镁矿	158.4	21.8	13.8	剥离物排弃场农业复垦，沿海边修挡浪坝、挡河坝 2.5 ～ 3 km	0.3 ～ 0.4
潘洛铁矿	占荒山坡地	2.13	—	剥离物排弃场农业复垦，修运动场、乐园，堆场	0.2
坂潭锡矿	182.4	112.1	61.5	采空区农业复垦	0.8
常德金刚石矿	385	284.4	73.9	采空区农业复垦	0.8
筱关铝土矿	—	54	23.2	剥离排弃场农业复垦	0.5 ～ 1.0
南芬铁矿	232.9	250	—	尾矿场农业复垦	0.25
小关铝矿	318.6	60	16	剥离排弃场弃场林业复垦	—
昆阳磷矿	—	12.7	—	剥离排弃场弃场林业复垦	—
浏阳磷矿	179.20	21.5	12	剥离排弃场农、林业复垦	—
阳泉铝土矿	92.7	31.2	33	剥离排弃场农、林业复垦	—

我国的土地复垦始于20世纪60年代，一些矿山陆续开展复垦工作，大多数是在废石场或尾矿堆上进行简单的平整和覆土造田；露天采矿区的复垦工作大部分是在开采埋藏较浅、呈缓倾斜或水平状赋存的砂矿矿床上进行的。1986年6月25日，国家颁布《中华人民共和国土地管理法》，2004年8月28日政府做出修改《中华人民共和国土地管理法》的决定，自公布之日起施行；由中华人民共和国国务院于2011年3月5日发布的《土地复垦条例》，为落实十分珍惜、合理利用土地和切实保护耕地的基本国策，规范土地复垦活动，加强土地复垦管理，提高土地利用的社会效益、经济效益和生态效益，做出了相关规定。但由于我国的土地复垦工作起步晚，复垦资金渠道尚不畅通，开展土地复垦工作至今还是十分困难。土地复垦率还很低，复垦质量也不高。

（三）矿区矿山土地复垦的现状——国外

针对以恢复土地资源为中心的一系列矿山土地复垦工作，在欧美国家，主要采用的技术方案主要有三种：第一种技术方案为直接恢复法；第二种技术方案为快速转换法；第三种技术方案是将第一种方案和第二种方案相结合。

土地复垦的利用模式不是一成不变的，而应是随着采矿废弃地所具有的特点、位置情况来进行具体确定的，同时复垦工作还要取得当地居民的同意和支持。可供土地复垦选择和利用的模式有林、果、农、牧、渔，以及保护区、运动和工商业用地等。在国外，矿山土地复垦领域所取得的成就主要有以下几个方面。

第一，通过土地复垦措施，使得矿山废弃地面积得到了减少，同时还使得生态环境质量得到改善。

第二，通过土地复垦赋予了矿山废弃地以新的使用价值，不仅使人类社会的生存环境得到了改善，还创造出了一个全新的生态系统。

第三，开创了恢复生态学。这一学科可以说是应用生态学的新领域，欧美国家还基于这一学科建立了多种矿山土地复垦模式及多种自我维持生态系统。

经过多年实践，国外建立并发展了一只不仅具有较高理论水平，还有着较高实践水平的科研和工程技术队伍。这支队伍为国外土地复垦相关工作的展开打下了坚实的基础。

（四）矿区矿山土地复垦的基本要求和应考虑的因素

1. 矿山土地复垦的基本要求

第一，复垦与修坡工作要保持与开采、排弃顺序相协调，尽可能利用矿山的采、装及运输设备。

第二，在采用铺垫表土的方式，对损坏土地进行处理时，要使植物种植的深度能够得到保障，并且对土壤进行相应的化学分析，以搞清土壤的物理机械性质和农业化学性质。

第三，要注意保持土壤质量，在有必要的情况下，要对原有的表土层进行预先剥离、储存处理。在处理有毒物料时，必须要采用填埋的处理方法，并且注意使埋深不小于 1 m。同时，还要注意土壤酸碱度，以保证植物的生长环境，一般情况下，适宜农作物生长的 pH 值，一般在 4 ～ 8。

第四，在进行土地复垦规划的制定时，要基于当地的具体情况来展开，不仅要综合考虑当地的地质条件，还要考虑当地的发展前景。关于土地复垦规划的内容，除了要涵盖进矿山设计中的开采计划之外，还要纳入矿山排弃计划。此外，还要注意利用土地方式、采矿复垦方法及回填岩石顺序等诸多内容的设计。

2. 矿山复垦应考虑的因素

第一，需要考虑矿区地表具有的特征，如矿区的地形特征、地貌特征等。

第二，需要考虑复垦成本，除此之外还要考虑复垦的经济效益和复垦周期等。

第三，需要对矿山原有植被进行调查，考虑矿山再种植的可能性及矿山种植综合利用的可能性。

第四，复垦设备及采矿设备的通用性。企业需要考虑用于土地复垦的设备和用于采矿的设备是否具有通用性。

第五，需要考虑矿床开采方法将会对矿区土地产生的破坏和占用状况，要考虑在开采过程中废石及尾矿的排弃方式，还有对土地进行复垦的可能性。

第六，需要考虑矿区具体的土地情况。其主要包括矿区表层耕植土、矿区耕植土覆盖岩土的厚度及矿区耕植土的化学特性和肥沃程度等。

第七，需要考虑矿区环境因素，如气候、气象、周围城镇及居民点的分布等，同时除了要对矿山开采前该地区环境现状进行考虑之外，企业还要对矿山开采后可能造成的污染进行预估。

（五）矿区土地复垦技术和模式

1. 矿区土地复垦技术

土地复垦可分为两个阶段，分别是工程复垦阶段与生物复垦阶段。一般情况下，在矿区完成工程复垦之后就进入生物复垦的流程。工程复垦可以说是矿区土地复垦工作的核心，复垦的任务是建立起可促进植物生长的表层和生根层，或者是为相关部门在展开对采矿土地的利用之前，打下坚实的前期准备基础。工程复垦的工程技术主要有：矸石和粉煤灰充填复垦及疏排法复垦等。生物复垦工作是建立在工程复垦的基础上的。采用生物等技术措施，使土壤肥力及生物生产能力得到恢复的技术措施，就称为生物复垦。生物复垦是农林用地进行复垦的第二阶段工作，目的是建立稳定的植被层。

近年以来，我国的土地复垦工作一方面充分参考国外先进土地复垦技术；另一方面不断在复垦措施实践中进行推陈出新，致力于将宏观技术和微观技术相结合，并将其应用于土地复垦工作中。以生物修复活动为例，生物修复是指依靠生物（特别是微生物、植物）的活动使环境介质中的污染物得以降解或转化为无毒或低毒物质的一个过程。以利用生物复垦后复垦地中玉米生长过程为例，煤基复混肥与菌肥配施对土壤性状及玉米生长的影响主要表现在微生物的接种使煤矿废弃物产生了明显的改善。但是，要注意的是在对矿区土地展开复垦工作的过程中，要遵循因地制宜的原则，并以此来对矿区复垦土壤进行有效管理。

2. 矿区土地复垦模式

矿区土地复垦在进行土地复垦及利用方式的选择过程中，一要综合考虑矿体的赋存情况；二要综合考虑采用的开采方法；三要结合当地的具体情况，并且充分考虑环境效益、社会效益和经济效益。目前，在我国的矿区塌陷土地上，主要存在水产养殖、林牧、建筑及农业四大方面的复垦利用区。

第一，水产养殖区是指在常年积水或者是季节性积水塌陷区，可采用起低垫高，随方就圆，还有自然利用的措施，或采用深挖池塘的方式进行复垦，使其既可以饲养鱼虾，又可以种植莲菜。

第二，林牧区是指在靠近山区，且具有较大坡度，土层薄、土壤比较贫瘠的塌陷区，可采用以发展林牧业为主的复垦方法。

第三，建筑区是指在位于或靠近市建城区的矿区塌陷地，由于其地理位置较为特殊，并且交通方便，适合采用的复垦方式为城市建设用地，通过这种方式在满足城市建设的同时，又能满足城市发展的需要。

第四，农业区是指在地势比较平坦，土层比较深厚，土壤比较肥沃，并且还具有灌溉水源的塌陷区。这样的塌陷地可采用的复垦方式是将其作为农业用地，同时辅以田、林、路统一规划，以进行综合治理。

（六）矿区矿山土地复垦设计的内容

第一，矿山规划阶段。在这一阶段应做的工作有以下几方面。

①应对土地资源的现状进行分析。

②应对矿区周围环境要素展开相关调研工作。

③应在矿山展开开采之前，提交环境影响报告书，要从国土经济学的角度出发来对矿山开采的价值进行权衡。

第二，以矿山开采与复垦工程方案为中心设计内容的可行性研究阶段。一方面，要针对开采与复垦，提出最佳且可行的方案；另一方面，不仅要考虑土地资源恢复，还要考虑土地资源再利用的途径。

第三，在进行最佳开采与复垦方法的确定时，要将复垦工程设计与矿山开采设计二者相结合。复垦工程设计应包括的内容，除了有合理划分、剥采与回填工艺及表土储存之外，还应注意选择剥采和复垦的通用设备。

第四，在复垦工程结束后，要对土地资源进行再利用，主要是种植与复垦区的综合利用。关于再种植一方面不仅有种植农作物、恢复原有植被，还有栽种树木和牧草等；另一方面可以根据矿山周围环境的具体实际来确定土地资源的再利用形式，如是用作养鱼塘，还是用作避暑胜地等。

复垦设计涉及面较广，往往要有农、林、牧、水利、旅游业、城乡建设或其他工业部门会同参加设计，根据我国国情，复垦设计必须与矿区所在乡村与地方政府密切配合，结合农村、牧区、林区规划进行，方可取得预期的效果。以下以塌陷地为例，来制定出相关复垦方案。

第一，轻、中度塌陷的耕地仍复垦为耕地，重度破坏和倾角在25° 以上的塌陷耕地退耕还林复垦为林（草）地。

第二，塌陷的林（草）地仍复垦为林（草）地。

第三，塌陷的耕地和已利用地若多为无积水的旱地，复垦工程主要是填堵裂缝、平整土地、坡地改建梯田、改良土壤和恢复水利设施，以防止水土流失并改善生态环境。

第四，塌陷破坏的未利用地应填堵地表裂缝，防止水土流失。

第五，一般煤矸石压占地可通过复垦整治为林地或景观园林，部分亦可复垦为工业场地或建筑。

二、矿山土地复垦方法

矿山开采后的土地复垦工作由于各矿床赋存条件不同，因此在开展复垦工程时，人们所采用的复垦工艺技术也是存在着很多差异的，但是其中也存在着许多共同经验：一方面，必须要注意与开采工艺相协调，做到统一计划，实现边开采边复垦；另一方面，在复垦时，要注意充分利用采矿设备，在充分发挥现有设备效率的同时，还能使复垦成本得到有效降低，并会尽可能缩短复垦周期，从而使恢复后的土地能够早日使用。依据土地复垦的地点，我们可以总结出矿区开采后开展的土地复垦工作主要分如下几种。

第一，废石场复垦。在矿产开采工程结束后，将废石场进行平整—覆土造田的处理，可以在其上种植农作物，也可以植树，同时还可以使农作物和当地水系受到废石场泄出的酸性水的影响得到消减。

第二，采空区复垦。在针对采空区展开土地复垦工作时，可以先利用废石或尾矿来对采空区进行填充，然后在其上覆以一定厚度的表土，从而将采空区恢复成有用的土地，人们可以在这些土地上可以种植农作物、牧草，也可以植树造林，打造旅游景点等。

第三，塌陷区复垦。各个矿区有着不同的地理条件，因此矿区的地势、地貌、区域气候及地下水位的高低都是存在着差异的，相应的，由地下采矿活动带来的地表大面积的塌陷，对地表造成的损害程度也是存在着差异的，在这种状况下，就要结合未来土地的使用方式，来展开有针对性的复垦工作。

第四，尾矿池复垦。矿产开采结束后的尾矿池不仅是造成沙暴和水系污染的根源，还占用了大量的土地。在尾矿池的顶部进行农作物和牧草的种植，可以说是保护环境的一项重要内容。但是此处需要注意的是，存在于尾矿中的有害物质，是否会随着土地复垦种植后的植物而进入食物链，进而对人产生潜在危害，这都是还没有一个明确结论的。

（一）露天矿采空区的复垦

1. 露天矿采空区典型的复垦工作步骤

（1）采区的合理划分

缓倾斜或水平赋存矿体，一般可安排两个或两个以上的采区，每个采区沿矿体走向再划分成若干个采场或开采块段。第一采区开采时，第二采区进行剥离，交替连续进行，采剥互不干扰。但是每个采区应有计划地做到剥离、采矿和废石回填互相配合，将废岩土填在采区内，避免往返运输和二次搬运，缩短覆盖物回填的运距，提高工效，加速复垦周期，降低复垦成本。有条件的矿区，可以划分成剥离、采矿、回填三个采区，以提高工效。

（2）表土采掘和储存

露天开采后复垦的第一阶段工作是采掘露天矿范围内表层的耕植土之后，将其运往临时的表土储存场，也可以将这些耕植土铺覆在已经回填上了废石的采空区。

首先，关于表土采掘。其可采用的方法主要有以下三种方式。

第一，直接将露天开采范围内的表土层，利用运输工具运至铺覆地点。

第二，直接将表土沿工作线进行堆存，然后再将这些表土以运输工具来运往覆土地点，进行直接覆盖或临时覆存。

第三，先将表土堆存在采场工作边坡，然后利用剥离设备来将表土采、装、运往覆土地点。这种处理方式，适用于不同厚度表的土层。

在进行表土采掘时，可使用的器械有推土机、铲运机及挖掘机。在进行运输时可使用的器械有皮带运输机、汽车等。在进行整平工作时可使用的设备有铲运机等。

其次，表土储存的方法主要有以下几种方式。

第一，将表土临时堆放于开采阶段的上部平台，若是小型露天矿的生产能力比较小，这时可利用推土机或铲运机来将表土运送到上部平台堆场进行储存。我国常德金刚石矿就是采用这种方法。

第二，临时将表土堆放于先行阶段工作面之上，其后随着工作面不断向前推进，通过推土机来将耕植土层推运到工作面上进行堆存，如此操作一段时间之后，再将表土运往复垦地点进行铺撒。

第三，另设一个临时堆场储存点来储存表土，在有条件的状态下，还可以直接将表土运往复垦区铺覆。

另外，大型露天矿采用了带可伸缩排土皮带的选排运输排土桥，能把表土排覆在复垦区上部，把硬岩排覆在采空区底部。

（3）回填和整平

采空区的回填就是利用剥离的岩土来对被破坏的土地进行恢复。在进行回填时，首先要将大块岩石或有害含毒岩土置放于矿产采空区的底部，然后再堆放块度小的岩石，最后再针对具体情况进行合理的级配。

在采空区进行覆盖表层土前，要注意平整和修整边坡，要使自然安息角大于边坡角，然后依据复垦的具体内容，来确保边坡角能支持农业和林业生产机械装备展开正常工作。最佳的回填工作就是能够有计划地将开采工作与剥采工作二者相配合。

（4）铺垫表土

露天采场复垦的最后一道工序是铺垫表土，有条件的矿山可在铺垫表土前先垫一层底土，以保持原有土壤结构。铺垫表土的方式主要有两种，分别是机械铺垫与制浆灌垫。前者是指用铲运机、推土机及前端式装载机等设备把表土从临时堆场运送至已经完成回填整平的复垦区，并且注意均匀撒垫。后者是指将大片复垦区，划分为若干地块，以土堤标示地块界限，然后再利用管道灌注配好的泥浆，通常情况是将泥浆分为几次进行灌注，这样一来有助于疏水晒干，以达到复垦设计标高。

（5）复垦后再种植

复垦工程完成后的土壤要充分满足植物生长的条件，即复垦后的土壤要具有满足植物生长所需的营养成分。除此之外，人们要对采空区环境进行改造，其目的是使其能够满足植物生长的要求。这里所指的满足及保证植物的正常生长条件有：一要，克服地表侵蚀；二要，解决补给水和供给足够肥料；三要，创造植物根系能够贯穿的土壤条件。

2. 露天矿采空区复垦方法

按使用复垦设备的不同，露天矿采空区复垦方法可分为索斗铲开采复垦法、汽车回运复垦法、轨道回运复垦法、无轮回运复垦法、铲运机复垦法和水力开采复垦法等。现仅以铲运机复垦法为例加以说明。露天矿开采复垦方法中，最近几年普遍使用铲运机复垦法。大型铲运机，容积大，运行速度较快，是一种可以独立完成复垦工作的高效复垦设备。铲运机复垦的主要特征是其可以独自剥离采掘区的表层耕植土，直接运往复垦区进行复垦。本部分主要介绍水平矿床露天开采时，采用铲运机在内排土场进行复垦的工艺方法。铲运机复垦主要有以下三种方式。

第一，铲运机循环剥离、运输、铺垫表层耕植土的复垦工艺。

第二，靠露天矿边帮临时堆置表层耕植土的复垦工艺。首先要确定其堆场的大小，堆场的大小取决于每千米采掘工作线所剥离表层耕植土的体积、耕植土的堆存要求。堆场要尽量减少占地面积。耕植土堆场的大小要根据堆场断面积与先行台阶全长上耕植土断面相同的原则来确定。

第三，就近临时堆存耕植土，在排土场自然沉降密实后，用铲运机进行复垦工艺。

3. 露天矿采复垦实例

（1）德国弗兰格尼亚石膏矿床的开采和复垦

该矿把采矿和复垦紧密结合，采用大型轮胎式装岩机处理黏土性质的覆盖物，运距较短，并能将剥离物及母土就近回填。在清除覆盖层后，可把已经回填的剥离物先进行平整，随后将开采挖出的母土直接回填在上部，厚度为 0.3 ～ 0.5 m，然后再平整，并改造成农田。在开采后马上进行复垦有如下好处。

第一，已开采的地面短期内可再种植。

第二，开采与复垦都可经济的进行，使不收获作物的时间减到最短。

第三，可以将已采完的矿坑面积保持在开采技术所允许的范围内。

开采接近地表石膏矿床给农业带来的好处：过去种植土下面就是渗水性强、贫瘠的石膏岩，而今种植土下都是以黏土为主的渗透性小的底土，该底土接近多水白云岩上部，这种土壤可提高作物的产量。

（2）我国坂潭锡矿水力开采复垦

坂潭锡矿为多种矿物伴生的第四纪河积矿床，矿体赋存于高山与丘陵之间的河谷盆地之中呈层状，埋藏深度一般为 10 ～ 20 m，矿层厚度为 510 m，宽 200 ～ 1500 m，走向长度在 6000 m 以上，矿体底板为粗中粒风化花岗岩，冲积层厚度较稳定，矿体与围岩界限明显，砂砾层及砂层为含矿层，沙质土及黏土为剥离层，全矿平均剥离系数为 1 左右。坂潭锡矿在复垦中逐步形成了采矿与复垦密切配合的工艺。矿山在开采前要进行规划，将矿区分为耕植土及底土储存区、水力剥离区、水力采矿区、尾矿回填沉淀区、疏水洒干区、最终复垦区六个生产区域，从而形成一个较完整的循环采矿复垦作业工序，基本上做到征地、采矿、复垦三者之间的相互平衡。

采准工作是采用推土机和铲运机将表层耕植土运至采区外储存，一般取 20 cm 厚的耕植土，每亩需保存 130 m^3，随后将耕植土下的底土也剥运至采场外另行储存，或直接运往复垦区作底土，一般取 1 m 厚的底土，每亩要求储存底土 660 m^3。

剥离工作配备水枪和砂泵，用水力剥离作用冲下的泥浆由砂泵输送至前一个已采区，含矿层同样采用水力开采法，矿泥浆用压力水输送至选矿厂。

露天采矿场的已采区用水力剥离的泥浆和选矿厂排弃的尾矿直接充填，由于泥浆脱水后，体积会收缩，故必须提高已采区的充填标高，因此在已采区周围必须筑坝。筑坝材料可以采用底土或尾矿沉淀池的干尾矿。提高已采区充填标高的另一作用是在已采区中形成一个尾矿水澄清池，以便循环使用澄清水，以节约用水。泥浆和尾矿回填到设计标高后，紧接着在四周开沟排水，中间的充填物会随着水分的逐步疏干而干缩下沉，一般经过 1 年左右时间便下沉 1～2 m，1 年后用推土机将四周筑的土坝按复垦设计标高往沉淀区中间挤推，一直到全部泥浆被压在下面，挤压疏干后已采区表面必须进行平整，一般要求保持 0.5% 以上的坡度，以满足覆土后地表的排灌坡度。

最后在平整的回填区顶部铺覆 1 m 厚的底土，底土铺过后再划分田块，修筑排灌水渠、道路然后铺覆预先储存的耕植土层，耕植土层平整地表坡度为 0.5%，至此复垦工作完成。

（3）我国山西省土壤微生物多样性研究应用

从山西省复垦土壤中筛选出的解磷微生物具有较高的解磷率，对环境适应能力较强，可成为研发微生物肥料的推荐菌种。人们通过对铜矿废弃地土壤微生物的研究发现，矿区土壤微生物形态特征较对照土壤发生了明显变化，其微生物量下降较为明显。土壤细菌数量随复垦时间延长而增加。土壤微生物数量受到复垦土壤充填物质、覆土厚度和土地利用方式等影响较大。大量研究发现丛枝菌根在矿区生态重建中明显作用，主要作用为有效改良土壤结构、明显增加土壤肥力、显著提高土壤生物活性、明显促进植物生长等。

（二）废石场的复垦

废石场本身就是破坏周围环境的污染源。废石场复垦就是整治废石堆场，控制废石堆场对周围环境带来的污染，恢复土地，进行种植。影响废石场复垦的因素主要有三个方面：一是，废石场、采矿场及剥离工作面三者之间的相对距离；二是，废石场的地形条件与占地面积；三是，废石场的几何尺寸、废石场剥离物的性质及废石堆置顺序等。

1. 废石堆场复垦的类型

第一，将废石堆弃于废弃露天矿坑，特别是一些深凹露天坑，然后将矿坑填满后，再进行平整、复土、再种植一系列工作，把露天开采后破坏的土地恢复成农业用地或植树造林。

第二，废石堆弃于露天开采后的采空区，一般是水平矿床的浅露天矿。此时可边开采边堆置废石，以后逐年平整废石堆，并进行复垦和种植。

2. 废石场的复垦程序

第一，整治废石场，使之符合当地法令要求。例如，有些国家或地区要求将废石堆推倒整平恢复成原有地形，然后覆盖表土，部分地或全部地恢复土壤的肥力，使土壤满足植物生长的要求；也有些国家或地区并不要求将废石堆推倒整平，而要求对废石堆进行整治，以满足一定的堆置要求，如边坡角、堆高等，整治后在废石堆表面进行造林，以防废石堆污染周围环境。在整治废石堆场时，应当合理安排废石堆的结构，将对植物生长不利的粗粒废石和有害物料尽量堆置在下层，或用覆盖物加以覆盖，尤其是酸性高的废石在风化过程中会产生酸性物质，并可浓缩集中废石中易溶解的铁、锰、铅、硫和其他有害的金属离子，对植物生长不利，必须加以掩埋和覆盖。

第二，根据废石或废土进行再种植的可能性，决定在废石堆表面是否要铺覆表土。表土一般是从预先储存的耕植土临时堆场取土，或直接从采场运来刚剥离的表土。表土的覆盖厚度要求在 46 ～ 60 cm。

第三，在整治好的废石场上，展开再种植工作时需要考虑的内容：一是，植物对废石场的适应能力；二是，植物的生长速度。开展种植工作要结合复垦后土地的具体情况，一般情况下废石场往往具有较多岩石，土壤量相对较少，这意味着在岩石上开展农业复垦是比较困难的，这时就适合采用林业复垦的方式。废石场顶部一般栽种针叶树，斜坡底脚和高度不超过 4.5 m 的台阶上可栽种杨树、槭树、榕树、槐树、紫穗树。在废石场北坡和东坡上栽种黑胡桃、杨树、楦树，而南坡和西坡上栽种松树、洋槐。栽树切忌造纯林，应栽混交林，以利树苗生长和病虫害防治。

在由坚硬岩石组成的干燥废石场上种植树苗，可采用下列方法。

第一，凝聚陷穴。挖一个较大较深的种植坑，回填部分含肥的松散土壤，将树苗种在坑中心，坑完全用塑料衬垫覆盖，凝聚的水分经过衬垫汇集给植物，可有效灌溉植物。

第二，副根移植法。挖出一对根部互相连接的根茎灌木，将其中的一枝树苗剪掉，然后把水平接着的副根弯下去深栽，而本身的正根按正常的方式栽在较干燥的表土层中。

林业复垦实践证明：在废石场造林初期，最主要的是尽快绿化废石堆，消除它对环境的有害影响。因此，宜用速生树种，以达到事半功倍的效果。

3. *废石场复垦实例*

江西永平铜矿在 20 世纪 80 年代初即着手于岩石平台、边帮（坡）进行复垦的工程。种植具有网络特性的植物，如野竹、野葛。它们对地表能起固表护坡、保持水土的作用。据测定，一条竹根的平均抗拉强度相当于 10 mm^2 的普通低合金钢筋，由于它们的根系盘根错节，罗织成网，就相当于在边帮（坡）上铺了钢筋网络，使岩体（床）与岩块之间成为一个整体，既避免了岩块滚落又绿化了边坡。野葛是豆科植物，藤本块根肥厚，既能固结边坡，又有经济价值。边坡复垦后，可以改善露采场和废石场的小气候。经过试验区林带与邻近裸地实测，结果表明：试验区林带气温可降低 1.9℃～ 6.6℃，而空气相对湿度增大 10% ～ 19%。这说明在 95% 岩石的废石场上进行林业复垦是完全可能的。

（三）尾矿池的复垦

尾矿池与废石场一样占用了大量的土地。尾矿池表面终年暴露于空气中，一个使用结束了的尾矿池由于水分迅速蒸发，很快就会干涸了。这种干涸的尾矿池，在一般风速下会产生“沙暴”，当风速超过 15 km/h 时，可迅速将尾矿池表面的所有植物毁灭。因此，尾矿池复垦的关键是处理、改善表面结构，以进行种植。

1. 尾矿池复垦的程序

第一，在尾矿池干涸之后，将会在其表面产生一层坚硬外壳，由于这层外壳不透气，因此必须要将其全面挖松，只有这样才能进行再种植。

第二，当尾矿池表层产生的外壳被挖松之后，通常情况之下，在处理酸性尾矿的过程中，使用破碎的石灰石来进行中和；在处理碱性尾矿的过程中，使用白云石碎片来进行中和。碎石粒径要求小于 6 mm。这些碎石除了起中和的作用之外，还能使尾矿池表层的土壤结构得到改善，从而有利于再种植，有条件的地方可再铺一层表土。

第三，尾矿池表面并不要求一定要统一平整，人们要依据复垦后的再种植要求，来针对少数地方的局部进行平整处理，使其形成较缓的坡度。

第四，铺摊一层表土于平整后的尾矿堆场顶部，然后在表土中掺入中和药剂和肥料，通常每亩施用高效化肥 1120 kg。

第五，再种植的播种工作后，首先要在苗床上铺盖一些覆盖物，如稻草、麦秸、树叶或木屑等；其次要对表层进行人工喷水，这样做的目的是促进种子发芽生长。

在国外，有些矿山利用采矿剥离的废石覆盖尾矿堆场，这是一种可取的方法。覆盖的废石可以稳定尾矿，抵御风和水的侵蚀，使尾矿的细粒不致被风刮起，也阻止了尾矿流动，减少尾矿粉尘和水蚀引起的环境污染。废石还可以作为植物生长的介质。碎石适宜树木生根，能保护树根，阻止水分蒸发，将水分保持在植物的根系，并为再种植提供了必要的条件，还起了加固尾矿坝的作用。用颜色较深的废石覆盖的尾矿堆地表层，能起到吸收太阳能的作用，提高表层温度，有利于植物的生长。采矿剥离的废石缺乏有机物质和养料，最好在废石表层铺表土，并施加有机肥料，这将有利于再种植。

2. *尾矿池再种植*

尾矿池再种植就是利用植被覆盖尾矿池表面，防止尾矿尘暴污染空气和周围城镇、农田，减少渗透性酸性水污染水系。尾矿池再种植的困难如下。

第一，尾矿不像普通土壤那样可以维持植物生长，尾矿物质结构粗劣，不能凝聚。尾矿几乎完全缺乏植物生长所必需的营养成分，连一般细菌也没有。相反，在尾矿池中往往有浓缩的重金属元素。

第二，由于尾矿是异常细的颗粒，长期水淹或积水，有时尾矿池表面虽然已干，但实际上整个尾矿池仍是一个难以接近的沼泽地。

第三，尾矿池平坦而开阔，尾矿粒子很细，遇到刮风时经常发生尘暴，因此在种植前必须把尾矿固结一个时期，否则很容易受吹沙磨蚀的影响，将新种植的嫩苗全部毁掉。

第四，尾矿池往往是在山谷或自然洼地，池底大部分是基岩，会妨碍植物、树木根系的生长。在尾矿池进行再种植时，有许多不利因素，尾矿的性质各不相同，但必须满足植物生长的条件，如尾矿池内的湿度应足够，还要具有植物生长所必需的16种元素，从氮、磷、钾一直到微量元素，还有促使植物种子发芽和继续生长的细菌群体等。经过适当改造后的尾矿池基本可以满足这些条件。

3. *在酸性尾矿堆上进行再种植*

加拿大桥镍矿，每年产生2 Mt高硫铁矿尾矿和磁黄铁矿矿砂，这需要及时处理，因为矿物有如下反应。

$$3FeS + 5O_2 = Fe_3O_4 + 3SO_2$$

磁黄铁矿即使和尾矿混合在一起，其氧化过程产生的热量也足以阻止任何植物的生长。人们对该类矿进行了酸性尾矿堆再种植工作的研究。

首先人们要确定在氧化的高硫铁矿酸性尾矿堆上究竟能否生长植物，可用中和酸性的药物和必要的肥料来加以测定，这是最经济的方法，同时研究哪一种植物最能适应这种环境。在做酸性尾矿的试验室中和试验时，开始用石灰石或石灰进行中和，验证是否可以把尾矿堆中的酸中和掉，同时施用化肥，并测定其是否可以供给植物生长所需的养分。初步试验证明，石灰或石灰石是植物在酸性尾矿堆上生长的关键，在酸性尾矿堆上施用的农用石灰越多，植物寿命越长。但施用石灰过量，也会产生有毒的含碱土壤。

此外还要试验测定究竟每公顷施用多少石灰石才能保证植物正常生长。除测定石灰石用量外，人们还进行了用稻草或麦秸作为盖物的试验，结果证明用稻草覆盖的效果很好。在进行了田间试验后，人们取得如下结果。

第一，在酸性尾矿堆适应性最好的植物是冬黑麦、小糠草等。

第二，有稻草或麦秸覆盖时植物生长情况比没有覆盖物好。

第三，镍尾矿覆盖有 50 mm 土时，植物生长得很茂盛。

4. 在碱性尾矿堆上进行再种植

加拿大石棉开采集中在一条 80 km 长的矿带上，八个生产矿山的石棉产量占全世界的 42%，开采过程会产生强碱性尾矿，并且其每年还要增加 15 ～ 20 Mt 尾矿。

相关复垦试验工作是在加拿大魁北克省杰弗里矿尾矿堆进行的。种植试验的目的是在没有撒播任何表土的条件下，在石棉尾矿上生长一层永久的、可以维持的草类或豆荚类植物，以防止碱性尾矿污染环境，从而恢复被尾矿所占有或破坏的土地。该矿所处的自然条件决定了尾矿堆湿度大，持水时间长，由于尾矿是堆置在比较平坦的地区，细颗粒的尾矿好像浸湿的纸板一样，层层重叠，在这样的尾矿上任何植物都无法生长。

试验工作首先是把尾矿的 pH 值降至允许植物生长的范围，因此必须用足够的硫化物酸性尾矿加以中和。这些硫化物尾矿来自低品位金属矿山，亦可购买硫粉来代替，中和土壤所用的酸性物料比例应通过试验来确定。同时还必须适当增加酸性尾矿中的有机元素，以利再种植的植物生长。

试验结果表明：采用硫化矿尾矿中和比采用硫粉处理效果更好，每公顷施加 50 ～ 100 t 硫化矿尾矿，并加入 1.3 ～ 2.5 t 化肥，可使草类或豆荚类植物生长良好。

我国铜陵有色金属公司对 87 hm^2 的尾矿池进行了处理，在其上覆盖 0.5 m 黄土后捣实，陆续建成了商店、住宅、学校、运动场、公共汽车场、街心绿地等，俨然与市区浑然一体。

（四）塌陷区的复垦

地下采矿会引起地表大面积塌陷，塌陷区面积随矿体厚度、层数、埋深及倾角不同而变化。地下矿物开采使地表发生缓慢下沉，形成了平缓的沉陷盆地。开采多层矿床导致地表沉陷量叠加，使下沉的平缓盆地不断扩大、加深，当其沉陷深度超过该区潜水位时开始积水，形成水深在 2 m 以内的浅积水区和水深在 2 m 以上的深积水区。而各矿区的地势地貌、区域气候、地下水位高低相差悬殊致使塌陷造成的影响也各有不同。塌陷对土地损害大致可分以下三种类型。

第一，丘陵山地。塌陷后地形地貌无明显变化，不积水，塌陷影响小，只要将局部的漏斗式塌陷坑和裂缝填堵，加以平整即可恢复原有的地形地貌。我国西北、东北和华北大部分矿区就属于此类。

第二，黄河以北平原地区。因该地区地下水位较深，年降雨量少，地表塌陷后只有一小部分积水，这些地区本来水面就少，这些水面经美化、绿化后成为人工湖或养鱼塘，可用来调节小气候，使其具有更好的环境效益和社会效益。在低洼地区可将旱地改造为水田，从而变害为利。

第三，位于我国黄淮平原的中、东部和长江以南的平原地区。那里地势平坦，潜水位高，是我国粮棉重点产区，塌陷对耕地破坏严重，这些地区不但塌陷面积大，塌陷深度大，而且长年积水，水深由数米到十余米，使部分土地被盐渍荒芜，因而是复垦综合治理的重点地区，对其进行复垦的技术方法大致有四种，分别是疏干法、挖深垫浅法、充填复垦法和直接利用法。

三、矿山复垦费用

复垦成本是露天矿生产总成本的一个组成部分。复垦费用随着复垦后的用途、矿山所在地点和区域、进行复垦的时期及地表原始条件的不同而不同。矿山土地复垦的成本主要由下列因素决定。

①覆盖层下部岩石的农业化学性质。

②要求采集和铺垫覆盖岩土的厚度。

③覆盖岩土的运输距离。

④土地复屋的机械化程度。

⑤复垦工程组织等。

复垦费用的计算问题，看似简单，实际做起来并不是一件容易的事。美国许多学者都曾对土地复垦费用进行过计算，但迄今为止，尚没有形成统一的计算标准，计算单位各种各样，费用分类的形式也不统一。佩尔斯等人把美国矿山局估算的密西西比西部的 13 个露天煤矿的复垦费用分为设计、工程和管理、合同许可证、回填与平整、重新植被四类，并进行比较，然后计算得总复垦费用每英亩为 860 ～ 7200 美元，每吨煤为 6 ～ 84 美分。在国外，各采矿公司均按各地制定的《采矿复垦条例》提交复垦押金。复垦押金根据不同情况规定从几百美元至上万美元不等。采矿公司为了降低复垦费用，不断改进复垦工艺、复垦设备，努力使复垦费用与恢复后土地的价值保持一致。

（一）复垦费用的影响因素

根据已有的复垦经验，影响复垦费用的因素是多种多样的，各种文献里对这些因素的论述也多有不同，但可大致归纳为矿山所在的地理位置、矿山地形条件、露天开采规模、露天矿工作面状况、有害物料的处理要求和处理方法、耕植土的厚度及采掘储存方法、运输距离、机械化程度及工作组织等在某些国家企业还要考虑执行复垦契约的年限规定。

（二）复垦费用组成

复垦费用组成也是差异很大的，但大致归纳为回填、整平和种植三项。即使是如上三项，也还有不同，如有的矿山在复垦之后不进行种植，而是直接交还给农民种植。在回填和整平项目中，也有工作复杂程度上的差异，如有的要求平整到与原有地形相近，有的要求建立排灌系统甚至有的要求搞成园田等。此外，费用发生的时期也有不同，如有的是矿山已开采完毕，要进行单独复垦工作；有的是与开采结合在一起，费用发生在生产时期；有的只是废石堆场复垦，这种复垦费用或是发生在生产后期，或是同期。整个复垦费用基本上由下列几项组成。

第一，采空区的回填和整平。这项工作在各国甚至各地区都有不同要求。以美国为例，有的州要求将采空区恢复成接近矿山开采前原有的地形轮廓；有的州要求将采空区整治成梯田、牧场；有的州对深矿坑不要求恢复，可将其修筑成水库、池塘。

第二，种植。企业应根据采矿所在地区的不同情况，种植不同的植物。种植这一项包括土壤改造、播种、施肥等方面的费用。

第三，修筑附属设施。其包括改迁原有河道、沟渠，根据恢复后土地的具体情况，修筑排沟渠挡土墙、护坡构筑物、供排土及道路系统。

第四，复垦所使用的机械设备。

（三）复垦恢复土地经济效益的计算

矿山土地复垦，不仅可以恢复景观，挽救生态环境，而且还能获得可观的经济效益。

1. 废石场平整工作量计算

锥形、脊形、弧形（扇形）和平坦形废石场所形成的空隙按下式计算。

$$V_n = nAL_n \tan\alpha$$

式中，A 为排土（剥离）带宽度（m）；L_n 为电铲移动步距（m）；n 为与排土方法有关的系数，锥形为 0.37，脊形为 0.25，弧形为 0.126，平坦形为 0；α 为排土场边坡角。

2. 土地复垦系数

土地复垦系数亦称土地复垦率 K_r，是场地（露采场、废石场、尾矿场、矸石山、粉煤灰堆场、塌陷地、地下采空区）恢复面积S_r与场地（同上）挖损、塌陷、压占等破坏面积 S_m 之比，如下式所示。

$$K_r=\frac{S_r}{S_m}$$

3. 恢复农业生产潜力的计算

（1）农产品的单位面积产量

它指在破坏的或恢复的土地上单位面积全部农产品的产量。根据多年数据（按最近 5 ～ 7 年的资料）其按下式计算。

$$B_n=\frac{S_1b_1+S_2b_2+S_ib_i+\cdots S_nb_n}{S_0}$$

式中，$S_1,S_2,\cdots S_i,S_n$为破坏或恢复的土地面积，按不同的土地利用结构部分（耕地、草地、果园、菜园等）计算（hm^2）；$b_1,b_2,\cdots b_i,b_n$为上述各面积的总产值［万元 / ($hm^2\cdot a$)］；S_0 为总面积（hm^2）。

（2）土地利用结构系数

根据农业上使用土地的优先程度来评价复垦土地的效益时，应当以改善复垦土地利用结构和提高其总产量（它决定着土地的价格）作为基本的准则。所在征用农地及复垦土地用于农业生产时，必须顾及土地利用结构系数。C_m 为破坏农地与破坏土地之比，C_r 为复垦农地与恢复土地之比，其计算如下。

$$C_m=\frac{S_{c\cdot m}}{S_m}$$

$$C_r=\frac{S_{c\cdot r}}{S_r}$$

式中，$S_{c\cdot m}$，$S_{c\cdot r}$为企业生产期中破坏和恢复的农业可耕地面积（hm^2）；S_m，S_r 为企业生产期中破坏的和恢复的土地总面积（hm^2）。

（3）农业可耕地生产恢复指数

从保护农地生产潜力的观点来看，复垦土地的质量取决于农地生产恢复指数 N_r，其计算方式如下。

$$N_r = \frac{C_r}{C_m}$$

（4）农地利用结构变化系数

一般来说恢复的土地，在农业生产潜力方面会发生土地利用结构的变化，其变化系数 K_C 按下式计算。

$$K_c = \frac{S_r C_r}{S_m C_m} = K_r N_r$$

（5）农业产量总潜力（总产量）

矿山企业要积极利用自然资源，不仅要保持复垦土地的农业生产率，而且还要提高生产率。农地总产值按下式确定。

$$W_m = S_m C_m B_m = S_{c \cdot m} B_m$$

$$W_t = S_r C_r B_r = S_{c \cdot r} B_r$$

式中，W_m,W_t为土地在破坏前和恢复后获得的总收入（万元）；B_m,B_t为农地在破坏前和恢复后获得的产值［万元 / (hm^2 · a)］。

（6）复垦土地的生产率

复垦土地的生产率指标因恢复土地质量的不同而不同，一般分为标准的（g=1），增产的（g>1），减产的（g<1）。复垦土地的生产率按下式求算。

$$g = \frac{W_t}{W_m}$$

（7）土地复垦效益

恢复土地的效益按下式计算。

$$E_r = \sum_{i=1}^{t} (B_n - e)$$

式中，e 为单位土地面积生物复垦费用（即农业生产投入费用）（万元）；t 为评价期限（一般为土壤肥力恢复周期）（年）；B_n 为单位土地面积复垦后的产值（万元）。

（四）复垦效益分析

通过矿区土地复垦投资效益分析，表明搞好土地复垦是贯彻科学发展观的具体体现。矿区土地复垦不仅可以获得巨大的经济效益，还可以获得显著的社会效益和生态效益。在经济效益上，煤炭企业以土地复垦代替土地征购，每公顷可节省 11.40 万元以上，以复垦土地代替充填开采，每公顷至少可节约 26.40 万元。对国民经济来说，如采煤塌陷地不复垦，将使农用地平均减产 20% 左右，且有 10% 左右的耕地将被弃荒，不仅煤矿要逐年支付减产补偿费，同时会严重影响农民生活和矿区经济的发展。在社会效益上，首先是土地复垦可以防止塌陷地退化，改善农用土地质量，有利于农业生产的持续发展；其次是土地复垦可以缓解煤炭生产与农业生产之间的矛盾，有利于矿区和谐发展；最后是开展土地复垦工程，可以提供就业机会，缓解失业压力。在生态效益上，土地复垦通过填堵裂缝、平整土地、改建水平梯田、造林绿化，还有山、水、田、林、路的综合治理，可以防止水土流失，遏制土地退化，从而改善矿区的生态环境和地理景观。

（五）复垦成本实例分析

现将矿山破坏土地恢复工作分成两大类。

1. 单独进行复垦

美国宾夕法尼亚州复垦费用，如表 5-2 所示。

表 5-2　美国宾夕法尼亚州复垦费用

项目		单位	费用 / 美元	
			最大	最小
回填和整平	1. 接近矿山原有地形和轮廓	hm^2	3761	2471
	2. 修筑梯田	hm^2	3706	1730
再种植	1. 单一植树 1730 株 /hm^2	hm^2	1235	222
	2. 草类和豆荚类植物的种子播种量 21kg/hm^2	hm^2	544	445
	3. 草类、豆荚类和树木	hm^2	1235	954
修筑河道、沟渠	1. 横断面为 0.93 m^2	—	3.28	—
	2. 底宽 1.8 m，边坡 1.5 ∶ 1	延米	48.88	—
	3. 岩石护坡的沟渠	m^2	14.40	—
重整河床		延米	4.92	3.28
头岩石用薄泥封		延米	38.94	19.36
条筑挡土		个	7000	6000

2. 露天生产矿山的复垦

露天生产矿山边开采边复垦的特点是把露天开采和复垦协调成矿山的统一生产工艺过程，复垦费用可以明显减少，如用沿等高线开采复垦法，在开采后紧接着复垦，复垦费用可以减少 2/3。在露天生产矿山计算复垦成本费用时，也有些项目是比较难分的，如复垦利用采矿设备的费用摊分，究竟是用于采矿的还是用于复垦的，有时是不明确的。因此露天生产矿山所提供的复垦费用资料往往不是很准确的。要较准确地确定生产矿山复垦费用，必须将生产费用逐项进行分析，提出与复垦有关的，最后计算总复垦费用。现以肯塔基州东部正在生产的露天煤矿边生产边复垦的生产费用为例进行分析，从结果我们可以看出，在一个生产的露天矿山，有些项目要明确区分究竟是属于采矿开支，还是属于复垦费用是很困难的，如覆盖物的清理、搬运、所得税等。

3. 废石场复垦

大冶铁矿尖山排土场是采矿后废石堆积起来的，日积月累形成的一座山。其复垦方法主要是原貌种植和覆土种植。覆土种植步骤：废弃地—原地挖坑—坑内填黏土—覆耕植土—种植蔬菜。覆土种植工艺主要有如下流程。

第一，修筑废石场外的取水、输水设施，架设动力线路，维修进场道路。

第二，覆土前，先用机械把废石场平整，碾平。

第三，黏性黄土与直径小于 10 cm 的废石混合，同时加 5% 的石灰，将混合物覆于已碾平实的平整区内，压实的混合物厚度为 20 cm。

第四，铺设喷干管，修建田间蓄水池和管理及仓储用房，同时铺设喷支管，修建田间泵房覆土时尽量留下排水沟位置。

第五，在平整区内覆盖 40 cm 厚的黏性黄土，让其自然沉实。

第六，修筑田间道路和田间台阶。

第七，覆 10 cm 厚的耕层土，平整，修筑护坡并绿化。

第八，调试取水、输水、田间灌溉系统，直至满足设计要求。

4. 塌陷区复垦

矿区发生土地塌陷后将由于地面凹陷，而形成地表大面积移动变形和地表大面积积水，进而形成深浅不等、大小不一的封闭式湖面，并且导致周围生态环境逐渐由陆地生态环境逐渐转变为水生生态环境。在进行塌陷区土地复垦时可采用以下几个模式。

第一，在浅层塌陷区，可采用挖塘造地模式。挖塘造地复垦模式是指利用“挖浅垫深”的方法，来将造地与挖塘二者结合起来。

第二，在深层塌陷区，可采用水产养殖复垦模式。多层采煤形成的深层塌陷区具有塌陷区范围较广，且深度大的特点。基于这种特点，人们可以利用机械化网箱、围网和拦网，来建立起渔场。

第三，在深浅交错尚未稳定的塌陷区，可采用鱼、鸭混养模式。针对地下正在采煤的塌陷区，出于塌陷仍在进行的原因，导致塌陷区会形成深浅不一的特征，在这种情况下，适宜采用的复垦模式是鱼、鸭混养短期粗放的模式。

第四，粉煤灰充填覆土造林模式。通常情况下，在煤矿区都建有大型坑口电厂，电厂在运行的过程中，将会产生大量固体废弃物，如粉煤灰等。这些粉煤灰将会导致大量耕地被占用，同时粉煤灰经风吹扬，也会产生大量的粉尘污染。因此，可利用这些粉煤灰对塌陷地区进行填充。

第五，在具有大水面、深水体及优水质的塌陷区，可因地制宜发展旅游业。发展旅游业的优势：一方面，有助于改善煤矿区的生态环境质量；另一方面，可转变煤矿区脏、乱、黑的形象，同时还可以为职工创造一个良好的休闲场所。

第六，在煤矸石充填塌陷区，可采用营造基建用地模式。这一模式是指将煤矸石堆放与塌陷区治理二者进行统筹，利用发热量较低的煤矸石来对塌陷区进行填充，直接填充塌陷区造地。通过这一模式所造的地，除了可以用作煤矿基建用地之外，还可以作为压煤村庄搬迁的新村址。

淮北矿区现有塌陷面积 8.25 万亩，常年积水面积 5 万亩，将塌陷区水面改造为其他用途，其整治费约为征地费的 25% ～ 90%。其中，深水区可直接用于养鱼，而浅水面整治费约为 500 元 / 亩。淮北矿区塌陷区改为养鱼池的整治费：整治塌陷区费用 1000 万元，养鱼成本费 900 万元，年产总值 2250 万元，扣除成本费后，年净得利 1350 万元。养鱼投入的工程整治费仅需 1 年即可收回，总的来说，养鱼收入要高于粮食。但是基于我国国情，在有可能的情况下，应将农业复垦放在首位。矿区拟将塌陷区附近的土地开发成旱涝保收的水田、菜地、果园及林地，这不仅改善了生态环境，而且种植业与养殖业相互促进、协调，可取得更好的生产效益。土地复垦与生产建设应统一规划，边开采边复垦才能取得较好的经济效益。

第二节　矿区的固体废弃物利用

一、矿区固体废弃物的现状概述

我国矿产资源的特点：贫矿多，高矿少；难选矿多，易选矿少；共生矿多，单一矿少。在矿产资源综合利用方面，我国中小型矿山企业综合利用程度比较差，大部分小型矿山企业和小矿山根本不进行综合利用，不能做到贫富兼采、综合利用。例如，我国金属共生与伴生矿产资源总回收率只有 50%，而国外先进水平均在 70% 以上，差距较大。

矿山资源的综合利用工作是一项重要的工作，尾矿、煤矸石、粉煤灰等固体废弃物的治理和开发利用也是资源综合利用的重要内容。开展矿山资源综合利用，不仅可以增加矿产原料的品种、产量，提高产品质量，而且可变废为宝、化害为利、一矿变多矿、小矿变大矿，使矿山资源得到合理开发、充分利用。

我国作为发展中国家，近年来此方面的问题相当突出，严重制约了国民经济的可持续发展和社会稳定，这已经引起政府和矿山企业的高度重视。在倡导可持续发展理念的今天，人们应当用可持续发展的基本观点来认识和指导这些问题的研究工作，提倡资源开发和保护并重，重视人地关系，使矿区“生产—环境—社会—经济”符合协调发展的要求。我国煤炭资源居世界第二位，煤炭在一次能源探明总量中占 90%，因此对矿区污染治理的研究工作具有深远的现实意义。由于矿区污染主要来源于煤系特有的两种固体废弃物——煤矸石和粉煤灰，因此对于矿区受污染环境的修复就应该从污染源治理开始，即从煤矸石和粉煤灰的综合利用开始。

二、矿区废石的综合利用

在矿山开采过程中，无论是露天开采剥离地表土层和覆盖岩层，还是地下开采开掘大量的井巷，必然产生大量废石。矿山固体废弃物综合利用与治理是一项系统工程。煤矸石综合利用推向产业化，是历史的必然选择，是未来的发展方向，研究人员应积极优化方案，使煤矸石综合利用工作成规模、上档次、高科技、高效益地发展。总的说来，我国在开发利用煤矸石方面已经取得了一定成果，不少项目都达到了技术成熟、经济合理和社会效益明显的水平。

三、矿区尾矿的综合利用

（一）尾矿用作建筑材料

我国针对利用尾矿作建筑材料展开的研究，最早开始于 20 世纪 80 年代。目前国内利用尾矿作为混凝土骨料、筑路碎石、建筑用沙、建筑陶瓷、微晶玻璃等的原料。除此之外，可利用尾矿烧制空心砌砖，并可制作高档广场砖，这种砖不仅成本低廉，还有良好的市场效应。

（二）尾矿用于复垦植被

可以利用尾矿来对塌陷区进行填充，实现填地造田，以此来为复垦植被种植打下基础，这对于矿区的生态恢复有着极为重要的意义，通过复垦造田，使废弃山地能够重新被利用，在促进了农业生产的同时，还能带来一定的环境、经济效益。复垦植被，有助于对矿区重金属的吸收和净化，不仅能调节气候、改善环境、净化空气，还有着改善矿区填埋场环境质量和景观的作用。

（三）尾矿用于建立生态区

加拿大铁矿公司（IOC）联合政府部门和环保组织制定了治理方案，确立了尾矿生态化计划（TBI）。该计划主要是在尾矿排放区域，人为来建造出一些陆地和人工湿地，同时在这些地区的再种植品种中包括不同的当地植物，这样可以进一步优化周围环境。

尾矿用于建立生态区解决了刻不容缓的生态环境问题，并且还能产生巨大的经济效益。

（四）尾矿用作采空区填充料

采空区充填是直接利用尾矿的最有效途径之一。这种工艺简单，且就地取材的措施：一则，使得充填成本和整个矿区在生产方面的成本都得到了降低；二则，使矿石贫化率和损失率得到了降低；三则，提高了回采率。因此，人们可利用尾矿填充技术来对矿山进行填充，并利用管道自流技术来输送尾矿胶结填充料。同时，人们还可以利用尾矿填充露天采坑或低洼地带，再造土地。

（五）尾矿再选和有价元素的回收

我国矿产资源的重要特点之一就是单一矿少，且共伴生矿多。有的矿山由于技术、设备不完善，还有以往管理体制不健全等诸多问题，而导致选矿回收率不高，并且在综合利用程度方面相对不足，有些可回收资源仍然处于堆存的状态，更有甚者正在不断排出存在于尾矿中的，极为丰富的有用元素，使尾矿中含有的多种有价金属和矿物未得到完全回收。目前，由于改进了技术设备，有许多矿山对尾矿进行了再选，回收利用其中的有价值部分。

四、国外矿区废石尾矿综合利用概况

20 世纪 70 年代以前，国外对废弃物的处理方式，还停留在开发处理技术和防止二次公害的水平上，而当前其对策已经由消极的处理转向以回收资源和能源为主要目的的资源化方向。所谓资源化，包括物质再回收、物质转换、能量转移三个方面。资源化可带来如下好处。

第一，通过物质回收和再利用，可以节省相关物质采据量，使得各种环境破坏和污染情况得到缓解与减轻。

第二，通过物质的再循环，可以减少废弃物的处理量，更有甚者可以不同处理废弃物，简单来讲就是最大限度降低废弃物产生率。

第三，通过在生产系统中对物质代替自然资源的回收和使用，以此来减少能源消耗。以物质再回收为中心而展开的研究，具有两个显著特点：首先，重新对过去积存的老尾矿进行处理加工，通过不同的方法来进一步回收资源，并对其进行综合利用；其次，利用混合加工流程，通过建立少废或无废生产，来最大限度减少废弃物产生量。

人们普遍认为，尾矿再加工，在经济上是有利的，因为在获得精矿的传统方法中，破碎与磨矿占全部费用的 49% ～ 56%。从重选尾矿中综合回收金银，是处理以前留下的大量重选尾矿获得黄金、白银不可忽视的重要途径。试验研究表明，处理含金量 2 g/t 以上的尾矿，在经济上是合理的。

五、矿区矿山固体废弃物综合利用存在的问题

首先，矿产开采中固体废弃物具有产生量大、服务周期长及堆浸渣量大的特点。这就导致废石场占地面积较大，相应的就造成了山沟的地形地貌被改变，地表植被破坏，并且原本植被茂密的自然山沟逐渐转变为废石堆积的阶地，同时还导致原地表径流方向发生改变，使地表在调节径流和涵养水源方面的能力不断下降，最终导致生态环境越发恶化。

其次，大量废石堆在废石场，由于废石之间没有一个相对紧密的结构，这就导致若是废石处置不妥当，当其遇到雨水冲刷，将会产生泥石流，甚至会危害到下游矿区的安全。

最后，废水处理站在对废水进行处理的过程中会采用石灰来对酸性废水进行中和处理，采用漂白粉来对含氯废水进行中和处理，在这两个步骤的处理中，将会有大量的危险废物产生，如富含铜、铅、锌等重金属的废渣。

第六章　矿区的生态修复

矿产资源的开发和利用推动着我国经济迅速发展，但是也为我国的生态环境造成了一定程度的影响。因此，有关部门与企业必须对矿区生态环境修复给予高度的重视，争取在保护生态环境的基础上，有效地开发矿产资源。本章主要分为采空区生态修复、尾矿库生态修复、排土场生态修复、废弃采石场生态修复四部分。

第一节　采空区生态修复

一、露天采空区生态恢复

（一）露天采空区地形修复

地形修复是露天采空矿山工程治理的基本形式。其目的是促使边坡稳定并使矿区能同周边地形景观相协调。同时为生态恢复工程提供植生基础。地形修复主要手段包括刷方减载、回填压脚和注浆加固等。

1. 刷方减载

刷方减载主要是指利用削坡降低坡度、减少表层滑体、清除变形体、减载边坡后缘的方法。除此之外，刷方减载对于边坡稳定系数的提高值还可以作为露天采空区地形恢复计划的设计依据。当开挖高度大时，宜沿边坡倾向设置多级马道和横向排水口。同时设计边坡开挖还要考虑纵向排水沟的位置，使其与治理区总体排水系统衔接。当边坡高度大于 8 m 时，则应采用分段开挖，一段开挖完成并建立护坡后才能继续进行，严禁一次开挖到底。

3 ～ 8 m 是分段工作最合适的高度，一般情况下，人们需要根据岩土体的实际情况选择相应的措施。当边坡高度小于 8 m 时，可以采用浆砌块石挡墙等护坡，然后一次开挖到底；当边坡高度大于 8 m 时，可以采用钢筋砼格构、喷锚网等护坡。除此之外，格构护坡也可以运用与马道于坡脚之间。

土质边坡角度一般应削坡至45° 以下。当边坡高度超过10 m时，必须设置马道放坡，马道宽2～3 m。岩质边坡高度超过20 m时，必须设置马道放坡，其宽度通常为1.5～3 m。机械开挖必须预留0.5～1 m的保护层，再由人工开挖到指定的位置，从而减少超挖及开挖工作对边坡的扰动。

2. 回填压脚

回填压脚主要是指为提高边坡稳定性和抗滑能力将所采用的土石等材料堆填在边坡前缘的方法。当地形较为平坦且边坡剪出口位于地表水位之下时，回填压脚具有处理弃渣、增加工作面积等作用。

未经专门设计的回填体，在设计时则不能将其安全系数的提高值作为依据，反之则有利于工程设计。回填压脚的填料一般都会采用碎石土，碎石土的要求包括其碎石含量要在30%～80%，且碎石粒径小于8 cm。碎石土含水量通常需要通过现场碾压试验才能确定，其含水量与最优含水量误差应小于3%。碎石土应分层碾压，每30～40 cm为一层，当无法碾压时必须夯实。

3. 注浆加固

注浆加固主要是指通过对滑带压力注浆以提高滑体稳定性和抗剪强度的方法，是一种边坡加固和滑带的改良技术。滑带改良后，边坡的安全系数评价应采用抗剪断标准。注浆通过钻孔进行，一般情况下，以提高滑带抗剪强度为目的的注浆深度不能小于3 m；以提高地基承载力为目的的注浆深度则要在15 m以内。注浆孔间距为注浆孔半径的2/3，注浆孔呈梅花状分布，注浆半径需要通过现场的试验确定，通常为1～3 m。造孔严禁采用泥浆护壁，一般采用机械回转或潜孔锤钻进，岩体可采用清水或空气钻进，土体可以采用干钻钻进。若岩土体空隙大时，可改用水泥砂浆，要求有机物含量不大于3%，SO_3含量宜小于1%。

（二）露采区边坡复绿

1. 绿化植被群落

人们可根据露采矿山的地形特点，在不同部位建立不同的植物种群和群落，形成立体的、多彩的绿化景观。一般情况下，建立草本型或草灌型植物群落是高陡岩质边坡最佳的选择。

建立植物群落与自然协调的植物群落需要符合以下两个基本条件。

①植物群落所具有的功能近似于自然。

②植物生态学特性适应于自然。

2. 绿化植物种选择

用于矿山生态治理绿化的植物必要考虑其能耐受地形陡峻、表面结构脆弱等恶劣条件，并与建立的植被生长基础相适应，即与基质层相适宜的品种。其不仅要具有防止水土流失（抗侵蚀）、加固边坡的作用，同时还要具有在特定的生长环境中能长期持续生长的特点，以有利于生态系统恢复。植物种类选择应遵循以下原则。

①适应当地的土壤条件，如土壤性质、pH 值、水分等。

②适应当地的气候条件。

③抗逆性强，包括抗旱、热、寒、贫瘠、病虫等。

④地上部分较矮，根系发达，生长迅速，能在短期内覆盖坡面。

⑤越年生或多年生。

⑥适应粗放管理，能产生适量种子。

⑦种子易得且成本合理。

3. 复绿方法选择

复绿方法选择应综合考虑施工技术、设备性能、施工经验和施工条件类同的矿山复绿工程经验，在确定复绿方法时必须充分考虑经济合理、因地制宜等因素。在满足总体治理目标的前提下，选择成本较低的复绿方法。复绿方法应根据恢复区与植被形成密切相关的地质及环境条件、地形特征、边坡类型和坡向、土壤性质等条件，确定形成植被生长基础的方案。复绿工艺应依据恢复区确定的恢复目标，植物群落类型和选定的植物种类等确定。

二、采空区处理技术方法

（一）加固法

加固法主要是指通过锚杆对采空区进行加固的临时措施。一般情况下这种方法不能单独使用。例如，狮子山铜矿在处理大团山矿床采空区时就采用了加固法与填充法。

（二）崩落法

崩落法主要是指对采空区上盘围岩进行爆破，使掉落的岩石形成缓冲岩石的垫层，从而达到控制压力，改变围岩压力分布状态的目的。这一方法与其他方法相比虽然处理费用较低，但是必须确定地表是允许陷落的，还要尽量避免崩落的岩石对下部采场生产影响。爆破崩落与下部巷道隔绝封闭相结合的处理方法通常适用于离地下采场较近的采空区。

（三）封闭法

封闭法主要是指为了防止采空区中围岩塌落所造成的冲击气浪，在移道中砌筑一定厚度的隔墙，从而达到缓冲目的的方法。封闭法不仅施工费用低，而且能够密闭与运输巷道相连的矿石溜井，但是该方法对施工前期的检查、资料收集要求较高。常用的措施包括以下几种。

①对于离地表较近的采空区可以利用铁丝网对地表进行保护。

②在采空区与生产中段相通的区域设置长 7 ～ 10 m 的阻波墙。

③用矿石、碎石堵塞底部结构。

（四）充填法

充填法主要是指对采空区进行充填处理，利用大量的充填材料改变围岩应力的分布状态，使其与围岩共同作用，从而防止地表塌陷，有效控制压力的方法。充填法一般多用于地面有建筑物或地表绝对不允许大面积塌陷的采空区，不仅能够减少采场回采过程中矿石的损失，还能有效控制其对相邻矿体开采工作的影响。但是这种方法也存在着许多的问题，如施工费用比较高、处理劳动强度大、需要大量的充填料等。

（五）封闭和废石充填联合法

封闭和废石充填联合法主要是指通过封闭隔离层的隔离与支护作用，提高围岩的稳固性，是一种简便而经济的采空区处理方法。这一方法不仅能够将上部采空区和松散岩石与生产中段隔离，还能有效缓解生产中段的应力集中，从而降低采矿综合贫化率和损失率。其结合人工混凝土隔离底柱可有利于矿块的及早回采，大幅度减少矿柱矿量，提高矿石回收率。

目前，封闭和废石充填联合法由于经济合理、技术实施简单，使其成为处理采空区最常用的技术方法。

三、非金属采矿地的恢复

没有矿产资源的开发利用就没有工业化、城市化和现代化。但是，人们在获取矿产资源的同时，必然伴随着对地壳表层的扰动，会改变原有的自然平衡，进而对生态环境带来影响。因此，采矿地的生态恢复是一项长期的任务。

（一）非金属采矿地的恢复原则

非金属采矿地的生态恢复，通常遵循以下三个原则。

1. 景观相似性原则

企业要对废弃矿山裸露、受损和被污染的矿区进行植被重建与生态修复，使其恢复成与周边自然生态相近的状态，即在边坡进行适当处理后，利用各种施工工艺，如穴盘苗、植生槽、厚层基质等，重建植被或采取种植速生乔木等方式进行治理。

2. 最大限度提高土地利用率的原则

该原则就是对矿区土地资源通过治理和复绿使其成为农业用地、林业用地、建设用地、养鱼塘等。企业需要依据废弃矿区所处地理位置，对土地的适宜性和地质环境条件进行评价，因矿制宜地确定各个废弃矿地复垦用途，最大限度地提高土地利用率，发挥废弃矿山的土地效益。

3. 景观再造美化环境原则

该原则是指废弃矿山在治理时保留和利用其部分特殊的地形和地貌，通过艺术化的人工景观修饰，如保留好的景观石，加上石刻，形成溪水、瀑布等公园化的生态环境景观。

（二）采石场和采矿坑的恢复

废弃的采石场和采矿坑可以恢复为各种不同用途。地面条件是其恢复的决定因素。一般的采石场和采矿坑可恢复为垃圾填埋区，用作自然保护区和娱乐旅游区，偶尔还可用作铁路或有轨电车的博物馆，而较大的采石场被用于房地产开发，一些采石场被恢复为农田或开发为高尔夫球场地，还有一些采石场被用作造林地。在未来，采石场复垦可能包括可持续的生物质能源生产，如种植的柳树能用于发电。废弃碎石和沙坑常常有很高的水位，因此通常恢复成为水塘。位于黏土层较厚区域的旧砖坑常用于处置垃圾，随后进行复垦。另外，旧采石场和矿坑可能有许多考古学感兴趣的元素，这也成为恢复计划的一部分。

采石场恢复通常需要和周围景观协调，通过这种方式来减少对视觉的影响。因此，在采石场恢复的时候，应该评估恢复后其与周围景观的协调性。其上建造的景观形状、规模、比例、质地、颜色应该与周围景观协调。

绝大多数的露天矿闭矿后采矿区可以恢复为农业用地或林业用地。然而，由于土地使用压力增加，临近城市地区的一些闭矿区，可以通过回填和平整采矿地，并对宕口进行加固绿化，可建成住宅区和公园等。

（三）采石宕口的恢复技术

近年来，随着监管力度加强，采石规模比较大的省份已经不允许采石形成宕口，通常是从山顶向下采挖，完全采平整座山。但是，早期形成的采石宕口仍需要恢复，采石宕口植被恢复是进行一项十分复杂的生态系统工程，通常包括环境生态、植物、景观生态、采矿、地貌等学科内容。对采石宕口的恢复技术主要是指根据采石宕口的属性、地理位置、规模和破坏特征，利用生物措施与工程措施相结合的方法对采石宕口进行恢复的技术。

矿山宕口边坡稳定是矿山生态环境整治的前提，进行边坡植被恢复，必须着眼于边坡的稳定，消除安全隐患。稳定边坡的方式有以下几种。

1. 放缓边坡

边坡治理通常是通过修建马道的方法，如台阶式降坡卸荷、放缓边坡。它的优点是施工简便、经济、安全可靠。一般将边坡角度降至 45° 左右，若条件不充分，也不能超过 60° 。通过放缓边坡，一方面可排除坡体崩塌、泥石流等地质灾害隐患；另一方面为植被的生态恢复创造了固土保水的条件，这样更便于实施复绿。

2. 采用支挡结构

对于不稳定的边坡岩土体使用支挡结构，如挡墙等，对其进行支撑。它的优点是可以从根本上解决边坡稳定性问题，以达到根治的目的。

3. 修建排水沟

为防止边坡外的水流入坡体，因此必须要拦截坡外水流，一般情况下矿区会采取在边坡外缘设置截水沟的措施，并对坡面高低不平处进行修整，用沙包或植草袋回填好。矿区可根据山坡汇水面积，降雨量（尤其考虑暴雨量）和流速等计算而得的汇水量大小，设置一条或多条排水沟。另外，在边坡坡体内还必须修建排水沟，使降雨能尽快排出坡体，以免对边坡稳定产生不利影响。

第二节 尾矿库生态修复

一、概述

尾矿是一种选矿工艺所产生的废弃物，由于其颗粒粗、内聚力低、极易引起水土流失。同时，尾矿由于存在不同程度的污染物，且保水、保肥能力差、营养物质极低，导致其恢复植被生长十分困难。

尾矿库有数十米甚至百米以上的后期坝体，其通常由粗颗粒尾矿砂堆筑而成，风蚀严重，易形成含有尾矿砂的沙尘暴”，并且极易产生严重的水土流失。随着现代工业化生产的迅速发展，我国新开矿山的数量逐年增长，从而导致尾矿的排放、堆积量也越来越大，其生态恢复问题日益严重。

目前，仅我国在国民经济中运转的矿物原料就有约 50 亿 t。世界各国每年采出的金属矿、非金属矿等都在 100 亿 t 以上，排出的废石及尾矿量约有 50 亿 t。

以我国有色金属矿山为例，一般情况下，有色金属矿山尾矿年生产量约为 9923 万 t，占用了大量的土地，由于只有极少一部分尾矿能够得到应用，导致尾矿大量堆存，不利于生态恢复。

目前，我国各类有色金属矿山尾矿库达到 50 亿 t 以上堆存量的有 400 多个。同时，随着经济发展，矿业开发规模随着人们对矿产品的需求不断扩大，尾矿数量也不断增加，加之许多可利用的金属矿日益减少，从而出现了矿物供应量不足的现象，因此为了更好地满足社会日益增加的矿产品需求，只能不断扩大选矿规模。大量的尾矿不仅给经济、环境、矿业等造成许多问题，其还是阻碍尾矿库生态修复的关键。

二、尾矿库的划分

尾矿库可以根据其尾矿坝坝体稳定性和防洪能力划分为以下四类，即正常库、病库、危库、险库。

（一）正常库

一般情况下，尾矿库满足以下条件的为正常库。

①运行工况正常，且满足坝体渗流控制的要求。

②矿坝稳定安全系数和轮廓尺寸满足设计要求。

③洪水位设计同时满足最小干滩长度和安全超高的要求。

④排水系统各构筑物符合设计要求。

（二）病库

病库主要是指符合基本安全生产条件，但其安全设计不完全符合设计规定的尾矿库，其通常具有以下特征。

①堆积坝外坡未按设计覆土和植被。

②山坡雨水冲刷坝肩，坝端无截水沟。

③尾矿库调洪库容不足，不具有同时满足最小干滩长度和规定安全超高要求的洪水位。

④坝面未按设计设置排水沟，冲蚀严重。

⑤坝面局部出现纵向或横向裂缝。

⑥排洪设施出现不影响安全使用的磨损或腐蚀。

⑦浸润线位置局部较高，坝面局部出现沼泽化。

⑧坝体抗滑稳定虽然满足安全系数满足规定值，但局部可能出现失稳的现象。

⑨其他不影响基本安全生产条件的非正常情况。

（三）危库

危库主要是指随时可能发生垮坝事故，没有安全保障的尾矿库。通常这类尾矿库具有以下特征。

①坝体抗滑稳定安全系数小于规定值。

②坝体出现较大范围管涌、流土变形、贯穿性横向裂缝，以及坝体出现深层滑动迹象。

③由于洪水位不满足设计要求，从而导致尾矿库调洪库容严重不足。

④排水井显著倾斜，有倒塌的迹象。

⑤排洪系统不能排水或排水能力急剧降低。

⑥其他严重危及尾矿库安全运行的情况。

（四）险库

险库主要是指安全设施存在严重隐患，随时会导致垮坝事故的尾矿库。通常这类尾矿库具有以下特征。

①坝体出现大面积纵向裂缝，且大面积沼泽化。

②坝体抗滑稳定安全系数小于规定值。

③由于洪水位不满足安全超高和最小干滩长度要求，导致其调洪库容不足。

④坝体出现浅层滑动迹象。

⑤排水井有所倾斜。

⑥排洪系统部分排水能力有所降低。

⑦其他危及尾矿库安全运行的情况。

三、尾矿库生态修复的特点

与排土场不同，尾矿库堆置物是经过一系列加工的矿岩，其理化性质与排土场的废石有较大差别。同时，不同的选矿方法和不同类型的矿山所产生的尾矿在理化性质方面也存在许多不同，部分尾矿需要根据其利用价值进行再回收。大部分尾矿库位于凹谷或山地，导致取土运土较困难，复垦问题较大。除此之外，尾矿库形成了大面积干涸湖床，地表无植被覆盖，容易引起扬尘，污染当地环境。一般情况下，尾矿库复垦初期大多以环保景观为主，到了后期则会根据尾矿库的实际情况和复垦目标进行半永久性复垦。

四、限制尾矿库生态修复的因素

（一）固体废物表面不稳定

由于矿山开采所产生的固体废物的固结性较差，容易受到侵蚀，导致尾矿表面出现蚀沟、裂缝，还有废石上表土层破裂等现象。同时，尾矿表土层的不稳定性和位移，严重影响了植物成长。

由此可知，为了更好地促进尾矿库生态发展，人们必须针对矿山固体废物的结构和特性种植适应性强的植物。

（二）植物营养物质含量低

为了保证植物的正常生长，固体废物表面层中的多种元素必须高于正常含量，如氮、磷、钾等。一般情况下，矿山固体废物只能保存少量养分，大部分都缺少土壤构造和有机物。另外，人们需要注意的是固体废物的堆放时间越长，有机物的含量越高，因此长时间堆放有利于植物的生长。

（三）酸碱性强且变化大

一般情况下，中性土壤更适合植物的生长。当 pH 值小于 4 时，由于固体废物呈现出强酸性，会极大地抑制植物的生长；当固体废物中的 pH 值超过 7 时，则会呈现出强碱性，导致多数植物枯萎。

（四）金属和其他污染物含量高

一般情况下，矿山固体废物中含有大量的重金属元素，如锌、铅、铜等，这些元素与植物生长存在着十分密切的关系。当这些元素超量，且共同存在时，它们就会产生毒性，危害植物生长。反之，当这些金属元素微量存在时，则可以成为促进植物生长的营养物质。通常锰和铁显示出毒性的浓度为 20 ～ 50 mg/kg，可溶性的铝、锌等显示的毒性浓度为 1 ～ 10 mg/kg。

除此之外，在尾矿库生态修复的过程中人们还需要注意土壤中可溶性碱金属盐的含量。一般情况下，当固体废物中的比导电度所需的天涯超过 7 mΩ 时，会呈现出毒性，从而危害植物生长。

五、尾矿库生态修复的类型

（一）覆土复垦

距离土源较近的尾矿库可以在平整后进行林业与农业的复垦。需要注意的是，尾矿中含有超标重金属离子的尾矿场除了要进行改良以外，还要在其表层覆盖厚度在 0.5 m 以上的表土。

（二）无覆土复垦

在矿山环境和安全的诸多问题中，尾矿库边坡稳定与水土流失控制是目前我国尾矿库生态修复最为严峻的问题。其中，覆土一般多用于控制来自尾矿库的污染。

由于我国大部分尾矿库地处山区，经多年开采后土源日益减少，南方部分矿山尤为严重，企业需要花费巨资购买耕地取土。这种方法不仅会给矿山带来沉重的负担，破坏宝贵的耕地资源，而且并不能作为一种长期解决土源问题的方法使用。因此，人们要积极探索新的治理途径。

尾矿库传统的处置工艺以覆盖黏土封闭坝边坡和沉积滩，再进行复垦恢复生态为主，黏土封闭一般需要覆盖厚度在 0.5 ～ 1 m。

近年来，我国在有关矿山开展了一系列针对性的试验，为了更好、更快地解决尾矿生态修复问题，人们通过生物与环境工程学、工程力学、物理等多专业联合的方式建立人工复合基质层，改善尾矿种植基质。经过长期的试验，实现了从源头上重建植被并使其可正常生长的目标。

第三节　排土场生态修复

一、排土场选址

经济合理地选择好排土场场址，是关系到今后矿山安全、经济效益和环境保护的重要环节。全国重点冶金露天矿开采产量占矿山开采总量的 70% 以上，但在露天开采矿区采出的岩土总量中约 3/4 是废弃岩土，而堆置废石的排土场占地面积，是矿山占地的 40% ～ 55%，矿山废石运输排土费用也占矿石成本的 40% 左右。由此可见排土场场址选择在露天矿开采生产中的重要地位。合理地选择排土场位置，不仅关系着运输和排土的技术经济效果，而且还涉及占用农田和环境保护问题。

为降低矿山排弃岩土的运输费用，减少排土场占地面积（耕地、山林、河湖、荒地），保持排土场边坡的稳定性和最大限度减少环境污染，矿山工程设计者必须选择经济合理的排土场场址。一般情况下场址选择需要遵循少污染、少占地、就近分散、靠近采场等原则。根据矿山总剥离岩土量，确定排土场的位置；对于缓倾斜和水平矿床（如很多煤矿、铝土矿、建材矿等）开采的同时可以把剥离的废石排弃在采空区，既经济又合理。不过，大多数矿山，尤其是倾斜、急倾斜或多层矿床的露天开采，需要采用外部排土场的排土方案。

企业要根据排土场的开采工艺、矿体赋存条件、地基地形特点及最佳合理运距等技术经济指标，确定剥离岩土量的运输方式，如铁路运输、汽车运输、胶带运输或其他排土运输工具。

（一）影响排土场场址选择的因素

影响排土场场址选择的因素有以下几方面。

1. 排土场对露天采场的影响

一般情况下，露天矿剥离的岩石量远远高于矿石量，因此会大量占用土地。由于排土场通常会分布在采场最终开采境界边坡或采场附近，容易对排土场造成负担，其对采场边坡的稳定性会形成一定的威胁。

2. 收集地基基础资料的重要性

排土场设计和开拓方案设计的依据包括排土场地基的地形地貌，地表上的植被、建筑物、水体、工程地质、水文地质资料等，但是一些中小型露天矿山由于地处未开发地区，这些资料并不完善，需要相关设计人员进行实地考察，收集更为准确的资料。通常露天矿排土场需要占用一部分良田和林地，这会使农田和居民区很容易受到污染，给当地居民的生活和经济收入带来一定影响，长此以往则会影响建设周期。

3. 排土场地基的地形和工程地质条件

山区沟谷地带是大多数排土场的首选，在进行选址时人们需要考虑以下两个方面。

①若地基是倾斜和陡倾斜坡面。当地基倾角大于排土场散体岩石自然安息角时，岩石土壤通常会直接滚到坡底，容易造成水石流、泥石流，滑坡等灾害，在选址时应尽量避免。

②若地基倾角平缓。这种情况时需要相关设计人员充分考虑软弱表土层对排土场稳定性的影响，尽量避免选择地基上有溪流、湖泊和泉水的地区。

4. 排土场滚石和滑坡对周围环境的影响

一般情况下，排土场与周围建筑物的标高具有较大的差距，在进行作业时会对排土场下游形成潜在的威胁，如泥石流、滑坡、滚石等。根据有色金属排土场设计规范规定设置排土场坡脚距建筑物的安全距离，人们需要注意的是不同地形情况的安全距离是不同的，因此设计时必须充分考虑排土场与建筑物之间的实际距离，如地基坡度较陡时，设计人员必须充分考虑滑坡、滚石的距离，因此设计人员在设计前应进行一定的评价，从而确定安全距离。

5. 选择场址时应查清排土场是否压矿

近年来，由于我国中小型露天矿山对矿体的勘探深度不够，导致其基础资料不够完善，很难控制矿体的产状，不仅为排土场的场址选择带来较大的困难，还影响了矿山规模，这些问题集中体现了在排土和分散排土的方案上。因此，设计人员在选址时，应尽可能减少压矿，将场址选在矿体的下盘，当必须选址在上盘时则需要专业人员对矿体的产状和分布进行充分论证。

6. 软弱层和腐殖土地基的处理

这类排土场造成排土场滑坡的主要原因是其地基上多是薄层表土、腐殖土，且覆盖有植被，因此在进行排土前需要通过推土机等设备将表土层清除干净，或是将部分大块岩石进行预压实。

当地基有泉水或溪流经过时，在排土前人们需要利用修建盲沟等方法进行处理，将水体引流到排土场范围以外。除此之外，可以在排土场上游修建排水沟拦截山坡汇水，从而避免出现泥石流等灾害。

7. 矿山开拓方案对排土场场址选择的制约

山坡新建露天矿内矿岩的出线方向由矿山的开拓方案确定，因此为了避免排土场运岩线路与其他运输线路交叉或剥离岩石反向运输，必须妥善选择排土场的场址。需要注意的是排土场露天开采境界内的剥岩量会随着出线方向改变而不断增加，同时与其他矿山的采矿工艺、尾矿库和生活区等设施相互制约。中小型露天矿通常以多台阶同时生产为主，导致其矿岩出口标高相差比较大，因此其大多采用公路汽车开拓。

合理选择排土场的场址不仅能够避免各运输方式相互影响，还能有效减少排土设备的数量，降低矿山排土场基建和运营费用。因此，矿山开采设计应结合矿山的采矿和开拓进度计划。

（二）排土场场址选择应遵守的原则

排土场场址选择应遵守的原则如下。

①为了防止排土场的有害物质污染江河和农田，并且防止粉尘污染居民区，排土场应设在居民点的下风向地区。

②排土规划保证了露天矿岩土排弃的经济合理性。当采场的开拓运输系统确定时，排土规划要考虑排土场对环境的影响、地形条件、相对位置和数量与容积，从而使全部剥离排土运营费的贴现值最小。根据采场和剥离岩土的分布情况，企业可以采用一个矿山设置多个排土场的方式，以线性规划的方法对排弃物料的流量和流向进行规划。对于近期和远期排土量进行合理分配，从而达到最大的经济效益。

③排土场应尽量不占用农田，在靠近采场的前提下，尽量利用贫瘠荒地、沟谷、荒山等，就近排土，从而减少运输的距离。除此之外，还应避免在远期开采境界内进行二次倒运废石。

④设计人员应将排土场的复垦和防止环境污染列入排土规划和排土场选择计划。

⑤应充分勘察其基底岩层的工程地质和水文地质条件，当需要在软弱基底上设置排土场时，必须保证排土场基底的稳定性。

⑥应充分考虑排弃物料的综合利用和二次回收，同时还要分别堆置保存暂不利用的优质建筑石材、矿物等。

⑦排土场的布置应根据地形条件设置，一般应尽可能按照分散物流、低土低排、高土高排的原则设置，从而充分利用空间，扩大排土场容积，避免上坡运输，减少运输消耗。

⑧排土场不宜设在工业厂房和其他构筑物及交通干线的上游方向，也不宜设在沟谷纵坡陡、汇水面积大且不易拦截的山谷中，要尽量减少泥石流等灾害对环境、生命所带来的威胁。

（三）排土场的分类

1. 内部排土场

内部排场主要是指将剥离岩土直接排弃到露天采场采空区的排场土形式。这一排土场形式不仅能有效减少排土场占地和经营费用，降低成本，还能实现无运输剥离。但是内部排土场的要求较高，一般只有在一个采场内有两个不同标高的采区，开采水平或缓倾斜、厚度不大的矿体，分区开采的矿山才能使用内部排土场，可利用提前结束的采空区实行内排土。

实现内排土时，根据采掘、运输设备类型及剥离运输方向与剥离工作面推进方向的关系，内部排土方式可分为横向运输排土（垂直剥离工作面）和纵向运输排土（平行剥离工作面）两种类型。横向排土所采用的剥离和排土设备有索斗铲、挖掘机、铲运机，对于软岩可采用轮斗铲配排土机或运输排土桥及链斗铲排土机等。纵向排土所采用的排土运输方式有铁路运输、汽车运输及带式输送等。

2. 外部排土场

依据矿山的排土工艺和地形条件不同，其露天矿外部排土场形态各异，多种多样。但归纳起来可分为压坡脚组合式、覆盖式多台阶和单台阶三种基本形式，前面两种既适用于铁路排土，也适用于汽车排土，后面一种目前主要用于汽车排土。

开拓运输工艺决定了排弃废石的运输方式，只有在极少的特殊情况下才会改变运输排土方式，实行二次倒运。我国露天矿的外排土场一般采用带式运输机、铁路、汽车等运输方式，配备以推土机、电铲、排土机等设备排土。国外技术先进的国家排土机械化的特点是因地制宜组织多种设备联合排土，设备系统化、类型多样化，能够充分发挥设备的特长。

①压坡脚式组合台阶排土场。这一类型的排土场适用于采场外围有比较宽阔的地形、沟谷地形和随着坡降延伸较长的山坡露天矿，其不仅能够满足下土下排、上土上排的要求，还能实现就近排土。在排土的过程中，通常是以先上后下的顺序进行，即在上一台阶结束后，下一台阶覆盖上一台阶终了的边坡面，其顺序是上一台阶在时间和空间上超前于下一台阶，从而形成组合台阶。

压坡脚式组合台阶排土场，可以将下部和深部剥离的坚硬岩石堆置在后期排土台阶上，而先期的表土和风化层则堆置在水平的排土台阶上，由后期排土台阶压住上部台阶的坡脚，从而达到稳定坡脚和抗滑的目的。由于每个台阶的堆置过程中所暴露的边坡高度较大，所以容易产生边坡稳定问题。

②覆盖式多台阶排土场。这类排土场的主要特点是按一定台阶高度的水平分层由下而上逐层堆置，并且始终保持下一台阶超前一段安全距离，它适用于坡度不大而开阔的山坡地形或平缓地形。其缺点是随着采场剥离台阶下降，排土场的堆置标高会逐渐上升；采用重车上坡运输，使得排土成本增高等。

设计人员必须对多台阶排土场的地基承载力进行一定的计算，一般情况下，整个排土场的稳定和安全生产是由地基岩土层的承载力和第一台阶的稳定性所决定的。因此，第一台阶作为第二、第三等后续各台阶的基础，设计人员必须严格把控其高度，使其符合变形小、稳定性好的要求。当排土场基底为倾斜的砂质黏土时，第一台阶的高度应在 15 m 以内，一般通用高度则在 20 ～ 25 m 为最佳。

③单台阶排土场。这类排土场通常以汽车排土为主，适用于地形为坡度较陡的山坡和山谷，主要特点包括排土场空间利用率较高、规模较小、数量较多等，但是由于其安全条件较差，且堆置高度大，线路维护和安全行车比较困难，从而限制了铁路运输单台阶排土场的高度。

单台阶排土场一般高度和沉降变形都比较大，更适用于堆置坚硬岩石，因此为了防止滑坡和泥石流，排土场地基要求不能包含软弱岩土。国内外一些山坡型单台阶排土场高度可达数百米。

二、排土场土壤改良技术

排土场一般要存在腐殖质含量较多的肥沃土壤层，才能进行种植。近年来，我国常用的排土场表面土壤改良方法主要有直接覆盖土壤法和生物改良法。除此之外，还可以采用合理的轮作、耕作方法改土。

（一）覆盖土壤层

当排土场结束工作后可以因地制宜的覆土造田。一般情况下，矿山的条件和底层岩土性质及可利用程度决定了覆土的厚度，通常为 0.1 ～ 0.6 m，覆土后排土场不仅可以用于农业耕种，还可以植树种草。需要注意的是，在重建初期不易进行深耕，否则会将贫瘠的岩石翻上来，从而破坏垦殖层。在排土场平台生态重建的过程中，还可以采用泥炭、草木灰等覆盖物质。

有些矿山受多种条件限制通常只能依靠生长植物形成腐殖层，从而实现排土场的全面覆土。此类排土场在重建初期可实行坑栽，种植后第一年加强田间管理，在岩石中挖坑培土施肥，使植物成活生根。

（二）生物土壤改良

生物土壤改良主要是指在排土场平台上直接植绿肥植物，而不覆盖土层，通过对其施有机肥、微生物活化剂及用化学法中和酸碱性的土壤，从而达到改良排土场平台土壤的目的。例如，分布于矿区的第四纪砂质黏土和黄土，不仅含有大量的钾，还具有团粒结构及良好的溶水性、透水性，虽然缺少氮、磷等物质，但依然无须施肥便可种植绿肥植物。

1. 绿肥作物

绿肥作物的主根入土 2 ～ 3 m，根系十分发达且具有根瘤菌，有利于改善土壤结构和肥力，同时绿肥作物根系腐烂后还对土壤有团聚和胶结的作用。除此之外，由于绿肥植物大多生命力顽强、抗逆性好且耐酸碱，常常能在贫瘠的土层上大面积生长。近年来，我国矿区的绿肥作物主要以草木樨为主。

2. 草本植物

草本植物经过多年的生长可以加速腐殖质层的形成过程，例如在砂岩排土场种植 4 ～ 5 年的草本植物可以形成 5 ～ 10 cm 的腐殖质层。

3. 微生物

微生物能迅速固定空气中的氮素，熟化土壤，分泌激素刺激作物的根系发育，促进作物对养分的吸收，并且可以抑制有害微生物的活动，使用此方法时人们主要是采用菌肥或微生物活化剂来改善土壤。

三、植物种的筛选与边坡复绿技术

由于排土场和露采场在生态破坏的形式、问题及立地条件上的相似性，排土场植被恢复采取的主要技术与方法、植物种的选择可参考露天采矿场进行。

（一）植物品种的筛选

在筛选排土场种植植物品种时应遵循以下四个原则。

①优先选择固氮品种。

②选择品种时首先要考虑其减少污染、控制侵蚀、培肥土壤、稳定土壤的作用，其次则考虑其经济价值是否合理。

③尽量选用当地品种或先锋品种。

④适应性强、耐瘠薄、抗逆性好、生长快、产量高。

（二）种植方法

穴植和边坡植物种植是我国排土场最常用的种植方法。

1. 穴植法

①春整春种，主要是指在春季造林的过程中，同时进行整地和植苗，且造林时间宜早不宜迟

②秋整春种，主要是指造林前一年秋季整地，翌年春季造林。

③客土造林，主要是指在种植前将每穴土壤都换成适于植物生存的土壤。

④带土球栽植，主要是指实生苗带着原来的土种植。

2. 边坡植物种植法

①水力播种。其是指在水力播种机的贮箱内装满草籽，加肥料和水混合搅拌后喷洒在边坡上的种植方法。我国对于水力播种种植方法应用的较少，主要原因是由于其草籽质量较低，在未扎根时容易遭受水蚀，并且这种播种方法只适用于坡度较陡，不利于人工操作的边坡。

②铺设草皮。其是指在边坡上覆盖一层地毯一样的草皮的方法。

四、排土场稳定技术

为了保证排土场的稳定，需要在其边坡建立生物防护体系和完善的排水系统。在排土场进行平整的过程中，人们需要根据其不同的结构类型将其平整为不同的坡度。从排土的工艺方面来看，则需要在排土末期进行堆状排土，详细如表 6-1 所示。

表 6-1　矿山边坡支护结构常用类型

结构类型 / 条件	边坡环境	边坡高度 H/m	边坡工程安全等级	说明
重力式挡墙	场地允许，坡顶无重要建筑物	土坡，$H \leqslant 8$ 岩坡，$H \leqslant 10$	一、二、三级	土方开挖后边坡稳定较差时不应采用
扶壁式挡墙	填方区	土坡，$H \leqslant 8$	一、二、三级	土质边坡
悬臂式支护	—	土层，$H \leqslant 8$ 岩层，$H \leqslant 10$	一、二、三级	土层较差或对挡墙变形要求较高时不宜采用
板助式或格构式锚杆挡墙支护	—	土坡，$H \leqslant 15$ 岩坡，$H \leqslant 30$	一、二、三级	坡高较大或稳定性较差时宜采用逆作法施工。对挡墙变形有较高要求的土质边坡宜采用预应力锚杆
排桩式锚杆挡墙支护	坡顶建筑物需要保护，场地狭窄	土坡，$H \leqslant 15$ 岩坡，$H \leqslant 30$	一、二级	严格按逆作法施工。对挡墙变形有较高要求的土质边坡，应采用预应力锚杆

续表

结构类型/条件	边坡环境	边坡高度 H/m	边坡工程安全等级	说明
岩石锚喷支护	—	Ⅰ类岩坡，$H \leq 30$	一、二、三级	—
		Ⅱ类岩坡，$H \leq 30$	二、三级	
		Ⅲ类岩坡，$H < 15$	二、三级	
坡率法	坡顶无重要建筑物，场地有放坡条件	土坡，$H \leq 10$ 岩坡，$H \leq 25$	二、三级	不良地质段，地下水发育区、流塑状土时不应采用

为了保证排土场的稳定性，必须对其边坡采取必要的水保措施。排土场边坡的稳定化处理包括设石挡、回水沟、种植植物或化学处理、表面覆盖、放坡等。稳定措施如表 6-2 所示。

表 6-2 排土场边坡的稳定措施

边坡状态	边坡倾角	必要的防护措施
平缓	4° ～5°	营造水土，保持林、灌木、种草
缓坡	6° ～10°	建造防水的石挡、回水沟、种草皮（多年生草）、绿化
斜坡	11° ～20°	绿化、拉阶段、设石挡、回水沟
陡坡	20° ～40°	拉阶段、设石挡、雨水道、整平、草地成片铺装、化学加固、格网式整平种草

第四节　废弃采石场生态修复

一、概述

随着城乡建设的飞速发展，各个地区对石材的需求量急剧增加，采石场的数量随城市基础设施建设规模的扩大而日益增长。一方面，开山采石需要砍伐大量树木，导致森林受到极大破坏，从而破坏了生态环境；另一方面，采石场在较大程度上满足了城市建设发展的需求。但是，若采石场防止水土流失的措施不到位，则会给当地带来一系列生态问题。

有专家进行过估算，如果在开发过程中未考虑到表土和弃渣的堆放，还有初期采石场的坡向、角度和位置，将导致进行绿化复垦时需要耗费巨大的资金，且土方工作量也十分庞大，被破坏的植被靠自然恢复至少需要100年。

采石场废弃地形成的主要原因是其原有的植被因生态环境被破坏而减少。其是一种极度退化的生态系统，严重影响了社会经济的可持续发展，因此成景观生态学研究的热点。近年来，我国企业认识到了采石采矿废弃地植被恢复的重要性，并着手于生态环境建设，随着城乡人民生活水平不断提高，其对生活居住质量和生态环境的要求也日益增长，采石场植被重建受到了各级政府和社会的广泛关注。

二、限制废弃采石场生态修复的因素

限制废弃开采石场生态修复的因素如下。

①土壤养分贫乏是废弃采石场植被恢复难度较大的重要原因之一。

②坡面缺少土壤、夏季温度高，植被难以生长。

③一般垂直高度为50～100 m。从上到下为风化土层，不利于植物生长。

④坡度较大，部分为倒坡，凹凸不平，且存在许多不规则的裂缝，有许多安全问题。

三、废弃采石场生态修复技术研究

（一）农业废弃物改良基材性能研究

改善土壤结构和充分利用当地的林草资源是回复废弃采石场植被最常用的两种方法。营造出最佳结构的“人造土壤”，不仅能够有效抑制水土流失，抵抗雨蚀和风蚀，还能保持土壤透气、透水。

植被护坡中基材的选择直接关系到工程的质量，因此基材必须满足两个要求。一是为了防止基材脱落和坡面浅层溜坍，基材必须具有一定的抗冲刷能力和强度；二是为了提供植物生长所需要的养分和水分，基材需要具备较好的肥力和保水性。

农业废弃物主要包括人类粪尿、污水、农作物秸秆、谷壳、农村生活垃圾、畜禽粪便、树叶、甘蔗渣、农产品加工废弃物等，又可以将其称为农业垃圾。这些废弃物数量巨大，但其利用率极低，既是农村主要的环境污染源，又是人类宝贵的可再生资源。

1. 基材的配比方案

基材配比以施工实际经验配比为标准，即植壤土与基质体积（m^3）之比为2 ：1，详细配比如表6-3所示。

表 6-3 植被恢复工程基质配比

项目	说明	单位	1 m³ 使用量
土壤	园土或肥土	m³	0.66
基质	酵菌种剂	m³	0.33
	锯木屑		—
	畜禽粪便		—
	作物秸秆		—
肥料	复合肥	g	95 ～ 130
保水剂	进口	g	165 ～ 200
黏合剂	进口	g	130 ～ 170

2. 基质基本特性研究

（1）三相分布

三相分布主要是指基质由固、液、气共同组成。其主要对植物的生长状况和基质的肥力状况有一定的影响。我国通常会采用环刀法对四种基材土样毛管和普通植壤土吸水前后的容重与孔隙度进行测定，从而得出三相比，结果如表 6-4 所示。

表 6-4 三相比和容重对比

土样类型	吸水前		吸水后	
	固：液：气	容量 /（g/cm³）	固：液：气	容量 /（g/cm³）
普通植壤土	51 ： 22 ： 27	1.58	51 ： 47 ： 2	1.84
土样 1	36 ： 15 ： 49	1.11	36 ： 54 ： 10	1.52
土样 2	35 ： 20 ： 45	1.14	35 ： 52 ： 13	1.47
土样 3	36 ： 29 ： 35	1.25	36 ： 51 ： 13	1.48
土样 4	37 ： 34 ： 29	1.31	37 ： 54 ： 9	1.53

以自然原状的土壤为例，合理的三相分布通常是水和空气各占 1/4，固体部分约占土壤总容积的 1/2。当土壤融入一定的基质后，其总孔隙度明显增大，通常占总容积的 65% ～ 67%，极大地增强了土壤的吸水能力。除此之外，需要注意的是与普通土壤相比，当加入基质的土壤吸水达到饱和时，其总孔隙度的气相分布远远高于普通土壤。由此可知，加入基质后的土壤不仅减小了坡面

土层积水造成的重力侵蚀隐患，更利于坡面排水，还有效防止了植物根系由于含水量过大而造成烂根。从两种土壤的密度对比来看，普通土壤无论是吸水前还是吸水后的密度都远远高于加入基质的土壤。由此可知，基质具有减小坡面重力载荷和调节土壤密度的作用。

（2）养分

为了保证植物正常生长，基质必须含有植物生长所需的平衡养分。植物生长所需的元素主要包括氮、磷、钾等，需要注意的是有机质几乎含有所有微生物和植物所需的营养元素。

当农田土壤达到以下几个条件时，一般不需要施肥。

①磷素丰富的土壤，即农田土壤中的有效磷含量大于 20 mg/kg。

②钾素丰富的土壤，即农田土壤中的有效钾含量大于 200 mg/kg。

③氮素丰富的土壤，即农田土壤中的全氮含量大于 0.2%。

如表 6-5 所示，含有丰富有效磷、有效钾的农田土壤其氨态氮也在 40 mg/kg 以上。由此可知，基质有利于植物生长。

表 6-5 养分含量变化值

养分类型		氨态氮 /（mg/kg）	有效磷 /（mg/kg）	速效钾 /（mg/kg）	有机质 /（g/kg）
估算值		62.4	65.6	287	478
测试值	1 周后	58.0	71.8	311	486
	1 个月后	45.7	71.5	302	479
	3 个月后	42.3	69.7	293	477

（二）废弃采石场人工生态修复土壤质量生态效应

1. 研究概述

土壤质量不仅是生态环境质量的重要组成部分，还是植被恢复的基础和保证。土壤是由矿物质、生物、水、空气和有机质共同组成的，是一种能够为植物生长提供条件的介质，且具有一定的肥力。在生态系统中，土壤质量主要是指其具有的保护生态环境、维持生物生产的能力，又可以将其称为土壤的功能。土壤质量主要包括土壤肥力质量、土壤健康质量、土壤环境质量三个方面，这三种质量相互联系，但又存在着各自独立的部分，其质量分析则主要是指化学性质和物理性质测定。对土壤质量生态效应进行研究有利于实现植被恢复和重建。

在植被恢复的早期阶段，土壤因素不仅决定着植物群落演替的方向，还影响着植物群落的发生、发育和演替的速度，对植被恢复具有制约作用。在不同的土壤条件下，群落具体的发展途径有明显的差异，并且植物发芽、生长状况也有所不同，群落中植物的更替和发展受植物定居难易程度、各阶段优势植物繁殖体来源数量、土壤肥力状况和土壤恢复速度等方面的影响。

植被类型与土壤相互作用，相互制约，不同的植被类型对土壤改良的影响也不同。在植被的恢复过程中，土壤 pH 值和容重降低，而表层速效 P、速效 K、速效 N、有机质等含量增加，提高了水稳性团聚体数量和质量，增强了氮的矿化能力，从而达到提高土壤肥力，改善土壤结构的目的。

近年来，我国废弃采石场治理水土流失和改善土壤质量基本以植被恢复为主，因此土壤作为植被生长的基础条件，直接影响着植被的生长发育，土壤的养分在植被生长过程中具有重要的作用。

2. 人工生态修复土壤物理性质效应特征

（1）土壤容重变化特征

土壤容重主要是指单位原状土壤体积内干土的重量，在一定条件下它可作为土壤整实度的指标之一。影响土壤容重的因素包括松紧度、结构性、土壤质地等，在同等质地条件下，容重越大的土壤越坚实。

从表 6-6 中我们可以看出，不同的植物配置模式，土壤的容重差异很大，其中土壤容重最小的是配置模式 A 的样地（0.85 g/cm^3），最大的是采石裸露地（1.45 g/cm^3）。土壤容重从大到小依次是采石裸露地（1.45 g/cm^3）、配置模式 E（1.31 g/cm^3）、配置模式 D（1.20 g/cm^3）、配置模式 C（1.01 g/cm^3）、配置模式 B（0.90 g/cm^3）、配置模式 A（0.85 g/cm^3）。采石裸露地的成分以固体颗粒较大的废石块为主，虽然总孔隙度较大，但由于其风化程度太低，导致大孔隙较多，与其他土壤相比采石裸露地的气相体积最大。当人工植被恢复后，配置模式 A 的土壤效果最好，且其土壤容重最小，由此可知配置模式 A 的土壤熟化程度较高。反之，结构疏松、有机质含量高、土粒密度较小则风化程度较高。

从植物的配置类型看，土壤改良效果最好的是乔灌草组合模式，土壤容重从大到小依次是乔灌草组合模式、灌草组合模式、草种混合模式、单一草种模式，由表 6-6 可知，配置模式 A（0.85 g/cm^3）优于配置模式 B（0.90 g/cm^3）。枯枝落叶层、植物覆盖度和植物根系是造成两者产生差异的主要原因。随着植被的生长，土壤在不断积累有机质的过程中会逐渐减小容重。

表 6-6　不同植物配置的土壤物理性质

模式类型	土壤容重/%	毛管孔隙度/%	非毛管孔隙度/%	总孔隙度/%	土壤稳定渗入速度/(mm/min)	土壤含水量/%
A	0.85f	36.58a	32.25f	68.83e	3.11a	23.32a
B	0.90e	32.25b	33.65e	65.90d	2.86b	20.16b
C	1.01d	30.12c	34.21d	64.33c	2.62c	18.21c
D	1.20c	24.58d	39.25c	63.83c	1.85d	12.65d
E	1.31b	21.23e	40.21b	61.44b	1.43e	10.23e
裸露地	1.45a	10.26f	60.11a	70.37a	1.01f	7.12f

备注：不同小写字母表示差异达 0.05 显著水平。

A—刺槐＋马棘＋胡枝子＋高羊茅＋苜蓿＋狗尾草。

B—盐肤木＋马棘＋伞房决明＋高羊茅＋苜蓿。

C—马棘＋胡枝子＋高羊茅＋苜蓿。

D—高羊茅＋苜蓿。

E—高羊茅。

（2）土壤空隔度变化特征

①土壤毛管孔隙度。毛管孔隙直径一般小于 0.1 mm，是具有明显毛管作用的孔隙，因土粒小、排列紧密而形成，因此又可以称为小孔隙。孔隙度则主要是指毛管孔隙占土壤体积的百分比，毛管力和吸水力随着毛管孔隙的大小而改变，毛管孔隙越小，毛管力和吸水力越大。

毛管孔隙还可以被称为土壤持水孔隙，它是土壤水分贮存和水分运动十分剧烈的地方。结构、土壤质地等因素决定着毛管孔隙的数量。例如，采石裸露地持水孔隙不足，则不易保水。

由表 6-6 我们可看出，采石裸露地毛管孔隙度最小（10.26%），配置模式 A 的土壤毛管孔隙最大（36.58%），土壤毛管孔隙度改良效果依次为配置模式 A（36.58%）、配置模式 B（32.25%）、配置模式 C（30.12%）、配置模式 D（24.58%）、配置模式 E（21.23%）、采石裸露地（10.26%）。我们可以看出配置模式 A 的土壤贮水能力最强，主要原因是由于其有机质含量和土壤风化程度较高，土壤疏松多孔，毛管孔隙数量较多且毛管孔隙度较大，从而使其持水力较强。裸石裸露地贮水能力最差，主要原因是其风化程度和结构性较差，土壤中的大孔隙较多，持水保水力弱。由此可知，植被恢复对土壤毛管孔隙度改良有显著作用。

②非毛管空隙度。由表6-6我们可知，采石裸露地的土壤非毛管孔隙最大（60.11%），配置模式A的土壤非毛管孔隙度最小（32.25%），其从小到大依次为配置模式A（32.25%）、配置模式B（33.65%）、配置模式C（34.21%）、配置模式D（39.25）、配置模式E（40.21%）、采石棵露地（60.11%），由此可知采石裸露地的透水性最强。

③总空隙度。由表6-6我们可知，配置模式E的土壤总孔隙度最小（61.44%），采石裸露地的土壤总孔隙度最大（70.37%），其从小到大顺序依次为配置模式E（61.44%）、配置模式D（63.83%）、配置模式C（64.33%）、配置模式B（65.90%）、配置模式D（67.83%）、配置模式A（68.83%）、采石裸露地（70.37%）。

（3）土壤含水量变化特征

作物的生长发育，土壤的适耕性，土壤的固、液、气三相比例均受土壤水分含量的影响。土壤孔隙度作为单位容积土体内孔隙所占的百分数是土壤的主要物理特性之一。

环境因素对土壤水分的影响最为重要，主要包括三个方面，即土壤性质、植被、气候条件。一般情况下，一个具有较完善群体结构的植物群落大多会呈现出以下两个方面的特性。

①通过降低风速和温度、遮阴地表等方法，能够减少土壤水分蒸发。

②良好的土壤改良作用能够有效增加土壤的孔隙度和毛管孔隙度，从而提高土壤的保水能力。

从表6-6可看出，不同配置模式的土壤含水量具有显著差异，同时可以确定植被恢复能够有效提高土壤的含水量。配置模式A的土壤含水量最大（23.32%），采石裸露地的土壤含水量最小（7.12%），不同配置模式的土壤含水量从大到小顺序依次为配置模式A（23.32%）、配置模式B（20.16%）、配置模式C（18.12%）、配置模式D（12.65%）、配置模式E（10.23%）、采石裸露地（7.12%）。除此之外，在不同植被配置模式中，与其他草本群落相比，乔灌草和灌草的组合对土壤含水量的改善尤为明显。

（4）土壤入渗性变化特征

土壤入渗是地下水、地面水降水、土壤水相互转化过程中的一个重要环节，主要是指水分进入土壤形成土壤水的过程，也是土壤的重要特性之一。渗透性较好的土壤可以完全吸收雨水，并将其存储起来，从而减少土壤的流失量和地表径流。一般情况下，土壤的渗透性随渗透系数增长而不断增强。

从表6-6可看出，不同的配置模式土壤稳定入渗速率明显高于对照的采石裸露地。采石裸露地的土壤稳定入渗速率最小（1.01 mm/min），配置模式A最大（3.11 mm/min），从大到小顺序依次为配置模式A（3.11 mm/min）、配置模式B（2.86 mm/min）、配置模式C（2.66 mm/min）、配置模式D（1.85 mm/min）、配置模式E（1.63 mm/min）、采石裸露地（1.01 mm/min）。

植被恢复明显改善了土壤稳定入渗速率，主要是因为不同的植被在地表形成了枯枝落叶层，可以防止土壤结皮的产生，减少了因土壤结皮对水入渗的阻碍作用。不同植被类型根系的挤压、分制作用，改变了土壤结构，增加了土壤的孔隙度，有利于水分入渗。

第七章　我国矿区的发展趋势研究

以矿产资源开发和利用为主要特征的矿区可持续发展研究，是可持续发展系统中的一个典型组成部分。协调好矿产资源与环境的关系是矿区可持续发展的关键，我国矿区的发展必然是符合可持续发展的目标的，也必然是符合人类生存和发展的要求的。本章主要内容包括资源与环境的可持续发展、绿色矿山的建设、废弃矿区再生三方面。

第一节　资源与环境的可持续发展

一、自然资源与自然环境

（一）自然资源

资源包括自然资源、资本资源和人力资源，其中的自然资源是指包括土地资源、矿产资源、森林资源、生物资源等在内的自然界中人类可以直接获得以用于生产和生活的物质。资源是自然系统的一个有机组成部分，也是整个人类社会大系统的一个有机组成部分。因此，在人与自然这个大系统中，人类活动对自然系统及资源环境子系统所施加的影响，必然会导致系统平衡产生变化。人类为了生存和发展，不断从环境中获取资源。自然界的种种变化警示人类不能破坏人与自然系统的平衡，人类的活动必须适应自然系统的功能释放、更新与调整，人类必须要在不超出维持生态系统涵容能力的情况下改善人类的生活质量，否则人类将自食苦果。人类已经开始认识到资源的相对稀缺性，并努力寻求人类美好未来与资源保障之间的和谐状态。

（二）自然环境

环境可以被分为社会环境和自然环境。自然环境是指能够直接或者间接对人类的生活产生影响的，环绕着人类生存空间的一切纯自然状态形成的物质及能量的总体。构成环境的种类很多，主要有空气、水、土壤、动植物、岩石、矿物、太阳辐射等，这些都是人类赖以生存和发展的基础，是各种自然因素的总和。

地球是自然环境的重要载体，也是矿物资源的载体，它为我们提供了生存和繁衍的条件。地球是赤道略鼓、两极略扁的扁球体。近似球形的地球所产生的重力对于地球上的生物非常重要。重力是作用于地表任何一个质量单位，将之拉向地心的力，其大小取决于任何物体质点与地球质量中心的距离。地球质量中心的位置接近于地球的几何中心。因此，在整个地球的海平面上，所有各点的重力几乎都是一个恒定值，这是对地球上所有生物都十分重要的一个事实。

生物是在地球上一致的重力值的影响下，在漫长的地球演化时期中进化的，在大致十亿多年的重要进化时期内，地球的重力可能没有什么变化，因此重力是地球环境中最基本的共同因素。重力作为一种环境因素以多种方式起作用。它把不同密度的物质分开，使其呈同心的层状排列，密度最小者在顶部，密度最大者在底部。由空气、液态水和岩石构成的大气圈、水圈和岩石圈，就是按密度顺序排列的。生物圈就形成在大气和海洋及大气和固体陆地表面之间的交接面上。

由于地球的重力作用，不仅在地球的表层形成了同心圈层的特征，即使在地球表层以下到地心之间，亦由于重力作用，形成了不同密度的同心层次，如地壳、地幔和地核。地壳是地球的固体外壳，其表层即为我们常说的岩石圈。地壳构成了大陆和洋盆，并成为对生命很重要的土壤，其他有机沉积物，海水的盐分，大气圈中的气体及海洋、陆地和大气中所有自由水的发源地。

人类现在所利用的矿物资源都来自地壳。人类居住的地球，从内到外呈圈层构造，与我们关系最密切的是地表的几个圈，包括岩石圈、水圈、气圈三个基本圈。在这三个圈的相互作用、相互制约、相互渗透、相互转化的交错部分，又产生了土壤圈和生物圈，共同组成了人类的自然环境，为人类的生存和发展创造了条件。

人类的生存环境主要是指自然环境中的生物圈这一层，它位于岩石圈表层，上至大气圈下部对流层顶，下至深达 11 km 的海底。但它相对庞大的地球而言，仅仅是靠近地壳表面薄薄的一层。目前，环境科学研究的人类环境主要是指自然环境中的生物圈这一层，在地理上其也被称为自然综合体或地球表层系统。当然，随着人类的发展，人类活动的空间已远远超过了这个范围，向下达到了地壳深处，向上已进入了宇宙，但核心部分依然是生物圈。因为只有这一层才同时存在着人类正常生活所必需的空气、淡水、食物等基本物质条件，是人类正常生活的家园。

（三）环境问题

随着人类社会的发展，人类在创造文明的同时，也对环境带来了巨大的破坏，产生了很多环境问题，人们应当对这些环境问题持有清晰的认知。随着人口激增及全球工业与经济的发展，特别是发展中国家急切改变本国贫穷落后状态的愿望与行动，使全球生态破坏和环境污染问题变得十分严重与突出。

1. 环境问题的释义

人们曾经单纯把有害物质的污染认定为环境问题，而把地震、洪水、干旱、台风等各种现象归类于自然灾害，排除在环境问题之外。最初的自然灾害只是偶尔发生，但是随着人类社会经济的飞速发展，自然灾害发生得越来越频繁，越来越严重。这与人类盲目发展农业生产，大量砍伐林木，破坏植被，使土地丧失固水能力等有很多的关系。因此，直接或间接影响人类生存和发展的，由自然力量或者人类力量引起的生态平衡破坏所造成的一切客观问题就是从广义上讲的环境问题。仅仅由于人类的生产和生活活动引起的生态系统失衡，并且反过来对人类自身的生存和发展也带来了影响的一切问题，是狭义上的环境问题。

环境问题的影响力和破坏力在逐步加强，对人类生存的威胁也越来越严重。环境问题从最开始的小范围、低程度的危害，逐步发展到大范围，非常严重的危害；由环境的轻度污染和轻度的破坏，逐步发展到严重的污染和严重的破坏。根据环境问题产生的先后和轻重程度，环境问题的产生与发展可大致分为三个以下阶段。

（1）环境问题的产生与生态环境的早期破坏阶段

人类的诞生之日就是环境问题的产生之时，只不过，在早期破坏阶段，人类对自然的影响力还很小，环境问题没有突出显示出来而已。早期环境问题与生态环境的早期破坏阶段是指从人类出现到产业革命之间的漫长时期。处于原始社会的早期人类，生产力水平是非常低的，人类几乎完全依赖自然环境生存，没有改造自然和影响自然的能力。例如，人类为了生存，每天以天然的果实及野生动物为食，并凭借着天然的洞穴居住。这一时期的人类，主要是利用环境，而几乎没有改造环境的意识和能力，因此虽然环境问题已经产生，但是自然生态系统很容易凭借着自身的调节能力将这些问题化解和抵消。

进入奴隶社会和封建社会时期，人类对制造和使用生产工具的水平不断提升，生产力也不断提高。人类不再仅仅猎取野生动物，同时还学会了驯化和养殖野生动物。人类还学会了种植农作物，而不再单纯的依赖野生果实和植物果腹。于是，人类社会的第一次劳动大分工到来了，劳动分工出现了农耕作业和渔业及畜牧业。随着人类的这种发展和进步，人类对环境的利用能力及改造能力大大增强。相应的环境问题也随之到来，大量的森林遭到砍伐，大面积的草原遭到破坏，植被被破坏，从而导致了严重的水土流失。人类大兴土木，兴修水利，导致了土壤的盐渍化和土地的沼泽化。环境问题在这个阶段已经显现出来。

（2）环境问题的发展恶化阶段

进入工业革命时期，劳动生产率大幅度提高。人类对环境的利用和改造能力更加强大了。相应的，人类对自然环境的破坏能力也大大加强了。环境问题已经严重恶化。人类的活动大规模地改变了环境的组成和结构，从而改变了环境中的物质循环系统。人类活动的领域也随着人类能力的提升而不断扩大。这就导致在原有的环境问题的基础上，又出现了新的环境问题。

工业的污染问题成了新出现的，而且是危害很大的环境问题。在一些工业发达的城市和工矿区，大量的废弃污染物被排放到自然环境之中，自然环境遭到严重破坏，各种极端的严重污染事件也时有发生。工业排放的废弃物与农业生产排放的废弃物有着本质上的巨大差别。农业生产主要是生产生活资料，它在生产和消费过程中所排放的废弃物是可以纳入物质生物循环的，从而可以被迅速净化和重复利用。而工业生产除了生产生活资料外，还大规模进行生产资料生产，如大量开采深埋于地下的矿物资源及向空气中排放各种有毒气体，向土地和河流排放有毒物质等。这种排放给一切生物带来了巨大的危害，给环境带来了难以承受的改变。到了这个阶段，环境问题已经非常突出，并且已经严重恶化。

（3）全球性环境问题阶段

全球性环境问题阶段，即当代环境问题阶段。当代环境的核心问题是与人类生存和生活有密切关系的“全球变暖”“臭氧层破坏”及“酸雨”三大全球性的大气污染问题，还有大面积的生态破坏问题。例如，人类砍伐树木和森林大火等原因引起的大面积的森林被毁，大面积的草原退化，大面积的土壤遭到侵蚀和向荒漠化发展等。此外，突发性的严重污染事故在全世界范围内此起彼伏。这些全球性大范围的环境问题严重威胁人类的生存和发展，全世界的人们均对此表示不安。

2. 环境问题意识

环境问题随着人类的产生而产生，随着人类的发展而发展。环境问题的范围广泛而全面，它几乎存在于所有的领域当中。在发达国家中产生的环境问题主要是由于这些国家实行高生产高消费政策，过多地浪费了能源和资源，造成了环境问题。而发展中国家的环境问题主要是由于贫穷落后，缺乏必要的环境规划和技术措施，缺少正确的环境政策的而造成的。人类只有认识到自身对环境的影响，提高自身环保意识，才能从根本上解决环境问题。对环境价值的理解不足，薄弱的环境意识，缺乏环境规划和经济发展规划是造成环境问题的根本原因。只有实行可持续发展战略，才能处理好发展和环境的关系，才能从根本上解决环境问题。

环境既是人类生存和发展的物质基础，同时也是人类生存和发展的制约因素。环境的承载能力是有限的，人类的发展速度已经超过了环境的调节和承载能力。因此，环境问题的实质是由于人类盲目发展，对自然资源不合理的开发利用，缺乏环境意识，不重视环境问题，所以造成了环境状况恶化和资源浪费，甚至枯竭和破坏，这才是环境问题产生的实质。

二、资源与环境的可持续发展

（一）从资源与环境的角度正确认识可持续发展

1. 发展并不等于单纯的经济增长

可持续发展对当代经济行为提出了新的要求。人类社会的发展需要经济增长，但是人们有必要对如何实现经济增长进行重新审视。为了实现可持续的经济增长，我们必须审查能源和原材料的使用情况，努力减少损失，消除浪费，从粗放型转向集约型，并努力防止废物进入环境，从而减轻单位经济活动带来的环境压力。

2. 发展必须同环境承载力相协调

只有通过适当的经济手段、技术措施和政府干预来减少自然资产的耗竭速率，人类社会才能实现可持续发展。发展必须要考虑环境的承载能力，如果不能处理好发展与环境的关系，发展就会产生巨大的环境退化成本，甚至会使经济增长的成果被抵消。因此，设计出一些刺激手段是非常重要的，政府要引导企业采用清洁工艺和生产非污染或者低污染产品，引导消费者采用可持续消费方式，从而促进生产方式改革，要全面系统地考虑经济决策中的环境影响，使经济活动中每个单元所产生的废物数量最小，从而使可持续增长得以实现。

3. 发展要尊重人类与其他生物物种之间的公平

地球是人类和其他物种的共同家园，人类不能只顾自己的发展而不顾其他物种的生存，也就是说，人类要维持与其他生物物种之间的公平。共同进化的思想是可持续发展思想的一个重要组成部分。共同进化是指由人类发展人类中心主义向各种生物物种共同进化的方向转变。从这个角度出发，人类不仅要与同代人和子孙后代共享资源与环境，而且还要与其他生物物种共享地球上的资源与环境。

（二）资源与环境可持续发展的观念

资源的可持续利用是可持续发展的核心。资源可持续利用观是可持续发展的基础和资源开发利用实践的前提。树立正确的资源观，有助于我们制定正确的资源开发政策，保证资源的永续利用。

1. 树立可持续发展的资源与环境观的前提

（1）正确认识人与自然的关系

要做到合理开发和保护自然资源，树立正确的可持续发展的资源观从而指导我们的发展战略，首先要解决人们对资源的认识问题。人类在很长一段时间内都把自然界视为异己的力量和对立的实体，把人与自然的关系视为站在两边的，对立的双方。基于这种理解，人类对自然用尽一切方法进行掠夺、改造和“征服”，人们只想着如何索要和取得，从未想过还要对自然进行保护，人们只被当前的利益吸引，从未想过长远的未来。因此，人类在对资源进行开发和利用的同时，对环境的破坏也在日益加深。如今，人类开始自我反省，认识到对自然的这种观念和态度是不正确的；认识到我们人类也是世界生态系统中的成员，自然界和人类是整体和部分的关系；认识到如果我们只知向自然索取，而对其他生物采取排斥的态度，最终破坏掉的是人类自身的生存条件，会给我们自身带来毁灭性的灾难。

因此，人类在利用自然资源的同时，要创造能够给予它补偿的制度，要做到一边开发，一边保护，开发与保护同步进行。只有协调好人类活动与自然环境之间的关系，才能使人类持续的生存和发展下去。

（2）树立环境是资源的观点

环境资源观认为环境的各项因素都是资源，而整个环境就是资源的总和。各种环境因素都是社会的自然财富，是发展和生产的物质基础。因此，我们不能被动地维护自然环境的自然状态和生态平衡，而是要在环境转变中积极利用资源，促进生态进化，营造优美环境。只有首先认识到环境是资源，人们才能更好地把握可持续的资源观，并以此来指导实践。

2. 资源与环境的价值观

可持续发展要求人们摒弃资源无价值的思想。过去，一些经济学家强调自然资源是大自然对人类的恩赐。在人类社会活动的触角已延伸到地球的每一个角落的今天，自然资源没有印上人类劳动烙印的，已寥寥无几。实践证明，资源无价值思想造成了与资源相关的价格体系严重扭曲，也造成了严重的资源浪费，是极为有害的思想观念。这种观念认为，只要是纯天然的产物都是没有价值的，因为它们不是人类的劳动产物，自然的丰饶度是多是少，自然的地理位置是优是劣，对使用价值来说都是无所谓的。虽然这种观点是错误的，但是这并不影响我们对自然资源价值的肯定，也不影响人类对自然改造所具有的价值的肯定。自然资源中附加的人类劳动显然是有价值的。附加的人类劳动越多，价值越大。因此，承认自然资源的价值，从实质上说就是承认人类利用、改造自然的历史，是对人类世世代代积累的劳动财富的承认。

既然我们肯定了自然资源的价值，那么我们就要对它进行衡量，这便是自然资源的价格。构成自然资源价格的因素比较复杂，大致可分为自然本身的因素和人类劳动的因素两大类。

构成自然资源价格的自然因素如下。

①自然资源的自然丰饶度。

②自然资源的自然地理位置。

③自然资源的有限性。

自然资源的自然丰饶度及其自然地理位置虽然没有价值，但它对劳动生产率和自然资源的价格有重大影响。在其他条件相同时，自然丰饶度与价格成正比关系。

构成自然资源的社会因素如下。

①自然资源中附加的人类劳动。

②自然资源的经济地理位置。

③价格政策。

④影响自然资源价格的偶然性因素，如与历史、文化有密切联系的自然风景资源，它的价格不是常规办法所能估算的。

这些因素的作用是有区别的，不同的自然资源在不同程度上受到这些因素的影响，而且现在已经出现社会因素对自然资源价格的影响越来越大的发展趋势。上述自然因素和社会因素在遵循价值决定价格和市场调节供需关系的规律作用下，确立了自然资源的价格。

为了实现树立资源价值观的目标，就要梳理好与资源有关的价格体系，使市场对资源的调控作用得到充分的发挥，使资源的流通渠道得到疏通，使资源的流向得到优化。资源有可再生资源与不可再生资源之分，不同的资源属性，有不同的可持续利用含义和途径。因此，利用率低于增值率是可持续性的可再生资源的利用原则。只有遵循了这个原则，才能使资源的再生能力得到保证。只有不断地发现新的可代替资源，不断利用新科技发展替代品，不断提高资源的重复利用率，才能提升不可再生资源的增值率。因此，在当前的科学技术条件下，尽量使利用率低于发现替代品的增值率，改变生活方式，尽可能减少浪费，努力在资源所限定的范围内生存等，是不可再生资源目前的利用原则。

三、矿区资源与环境的可持续发展

（一）矿区可持续发展的必然性、定义、内涵与目标

1. 可持续发展战略在矿区实施的必然性

在工业化初期，中国为了换取社会财富的增加，付出了大量的能源投入的代价。以煤炭资源为例，煤炭是最安全和最主要的能源，它的这种地位是很难改变的。因此，在未来的发展中，煤炭工业不仅会长期在推进我国现代化建设中发挥重要作用，而且煤炭工业的可持续发展必然会给世界的可持续发展带来深远影响。在国家可持续发展战略中，煤炭工业的可持续发展是一个重要的组成部分。与此同时，众多矿区的可持续发展是整体的煤炭工业可持续发展的前提，也就是说，矿区所在的具体区域和空间是煤炭工业可持续发展的最终落脚点。只有矿区的发展是可持续的，整个煤炭工业发展才可能是可持续的。煤炭资源的开发利用，在为国民经济的发展做出巨大贡献的同时，也给环境造成了巨大的损坏和破坏。长期以来，我国的煤炭资源开发路线，基本上是粗放式的，以浪费资源和牺牲环境为代价的。

矿区生态环境问题的产生经历了一个复杂的过程，包含了多种环节和多种因素。多种环节是指环境问题是在煤炭的开采、加工、储运和燃烧使用的全过程中形成的。多种因素是指环境问题是在技术、资金、管理方式、政策导向和思想观念等多种因素的影响下形成的。由矿区环境问题日益突出所引起的巨大压力，不仅使煤炭行业自身的发展受到了阻碍，而且也使区域甚至是整个社会的展受到了影响和制约。人类对环境质量改进需求的渴望成为可持续发展的一个重要思想背景。而在矿区实行可持续发展战略，正是满足和迎合了时代发展要求。

2. 矿区可持续发展的定义、内涵与目标

（1）矿区可持续发展的定义

矿区的可持续发展是指在人与自然之间应保持平衡，人与人之间应保持和谐的共同认知背景下，在矿区这一特定的空间区域内，矿区内的企业保持强劲的经济增长和市场扩张力，矿区产业链和环境支持系统能促使矿区建设与所在城乡社会发展实现良性互动。

（2）矿区可持续发展的基本内涵

①资源利用的可持续性。矿区资源的可持续利用不是要求必须做到无限拥有不可再生的自然资源，而是在整个矿区开采的过程中始终坚持代际均等的资源理论观念，并依靠技术进步和创新，使矿区资源的回收率得到最大限度提升，以减少资源的浪费，尽可能地将采矿对土地、水等其他资源的连带损害降到最低。在对矿产进行加工和利用的时候，也要注意节约，使矿产资源的产出效益得到增长，这也是可持续的资源利用的要求。

②经济发展的可持续性。矿产资源的开发利用不仅是矿区存在的基础和前提，也是一种产业经济行为，毫无疑问，在当今经济社会迅猛发展的大背景下，矿区可持续发展的核心内容之一是保持企业经济的持续健康发展。因为，经济发展是矿区发展的动力之源。量的增加并不能完全代表经济发展的可持续性，质的提升才是经济发展可持续性的最重要表现，不以牺牲资源和环境为代价更是尤为重要的前提条件。

③矿区社会的可持续性。我国矿区不能与完全市场意义下的企业画等号，这是由我国矿区的历史与区域特征决定的。矿区的社会氛围由矿区内企业附属的社会职能、工农关系、矿业城市成长等共同营造。因此，努力提升矿区职工的物质文化生活水平和质量，努力使就业渠道更加宽广，提升矿区的城市化水平，维护矿区社会的安全和稳定，都是矿区社会发展可持续的集中体现。

④生态环境的可持续性。在目前的科学技术水平条件下，资源开发和利用给生态环境造成破坏并产生一系列环境问题是难以避免的。虽然我们强调矿区环境的可持续发展，但是这并不意味着必须要求矿区做到对生态环境完全没有损害，而是强调矿区的资源开发活动对环境的影响，一定要控制在环境能够承受的范围之内，在这个基础上，同步做好对环境污染和破坏的治理与恢复工作。这样才能在发展矿区经济的同时，将采矿工作对环境的损害降到最低，从而做到生态环境的可持续发展。

（3）矿区可持续发展的目标

可持续发展涉及经济、社会、自然三个方面，是这三者的和谐统一，是一项关于人类社会经济发展的全面综合性战略。可持续发展的目标是人类在经济发展活动中，在追求经济效益的同时，也追求社会公平及生态和谐，从而使全面发展得以实现。经济发展是人类可持续发展系统的基础，自然生态保护是可持续发展的条件，而社会的发展和进步才是目的。因此，谋求社会的全面进步才是可持续发展的目标。

（二）矿区环境保护实施的基本手段

1. 行政手段

环境保护行政主管部门应当按照国家行政法规赋予的有关权力，对矿区环境资源的保护措施实施行政决策和管理。例如，审核及批准对矿区开发建设项目的环境影响评价书；审核及批准新建项目、扩建项目与改建项目的设计方案；颁发与环境保护相关的各种许可证，并对污染严重的单位进行污染控制和整改，督促这些企业在规定的时间内对自身问题进行治理，甚至下达使这些企业关闭、停业、合并、转化的行政约束指令。

2. 法律手段

依法管理环境为环境保护向制度化、规范化发展提供了根本保证。环境管理的法制化一方面取决于立法，另一方面取决于执法。社会对环境保护的要求应通过国家立法，以法律的形式确定为规范公民行为的准则。对污染和破坏矿区环境的单位和个人，应当按照环境法规进行批评、警告和罚款，甚至追究其法律责任。

3. 经济手段

尽管环境污染极为有害，但矿区要在短期内完全按照可持续发展的要求将其彻底消除并不现实。现阶段首先能做到的是将环境污染控制在一定水平上。其中，控制环境污染的重要内容包括经济方法和手段。经济方法和手段在现实中主要是国家通过包括税收、价格、信贷等在内的经济杠杆控制矿区资源开发中的厂商行为，并指导企业对落后的技术和设备进行淘汰，使环境保护与治理，成为企业日常自觉的行动。在世界各国为保护环境而采用的众多经济手段中，排污收费是一种比较普遍的手段，这是纠正环境问题的外部不经济性，使外部费用内部化思想的具体体现。

4. 技术手段

它是指借助那些既可以提高生产率又可以最大程度减少环境污染的技术及先进的污染控制技术来实现保护环境的手段。使用技术手段实现对矿区环境的科学管理，包括推广使用无污染或少污染的清洁开采和清洁生产工艺；制定环境质量标准；建立和运行环境质量管理体系；建立矿区环境监测控制网络系统等。

5. 宣传教育手段

矿区环境管理离不开宣传教育这个重要的手段。宣传教育与其他手段相比，能够起到十分特殊的作用。它能够提升公众环境保护的意识及参与度，能够营造浓厚的社会舆论氛围，能够促使矿区各单位和每个人从接受教育向自觉行动转变。宣传教育的形式多种多样，一般人们会通过电视、广播、报刊专栏、图片展示、传单、信息栏等多种形式进行宣传，形成一种强大的矿区环境保护宣传机制，促使矿区单位和个人在耳濡目染之中提升环境保护意识并积极参与环境保护活动。

第二节　绿色矿山的建设

一、绿色矿山概述

绿色矿山的概念早在19世纪就已经在西方国家被提出，随着多年的发展，这个概念已经从单纯的环境保护延伸至资源的综合利用。随着资源问题对世界经济发展的制约日益严重，人们对综合利用课题的研究也在不断发展和进步。节能减排与环境保护成为重要话题，以人为本的理念已经在全世界的范围内深入人心，并成为人们共同认可的基本准则。在这样的环境下中国的绿色矿山理念也基本成熟。绿色矿山对企业的综合实力有较高的要求，具体可以从企业建设绿色矿山的硬实力要求和软实力要求两个方面来讨论。

二、绿色矿山对企业的综合实力的要求

（一）企业建设绿色矿山的硬实力

1. 绿色矿山对企业的硬实力的要求

（1）在资源的综合利用方面

依据矿产资源开发规划和设计，完成资源开发与综合利用的指标，使资源

利用率能满足矿产资源规划要求，利用工艺技术和设备使矿山开发符合矿产资源节约与综合利用的要求，节约资源，保护资源，大力发展矿产资源综合利用技术。

（2）在技术创新方面

应积极开展科技创新和技术改革，矿业企业应加大对科技创新的资金投入，努力使工艺流程得到改进和优化，淘汰落后的工艺与产能，努力提升生产技术水平，重视科技进步，发展循环经济，提高矿山企业的环境效益。

（3）在节能减排方面

应积极开展节省能源，降低消耗，减少排放的工作，节能降耗必须达国家规定指标。采用无废或少废工艺，提高矿山选矿废水循环利用率及矿山固体废弃物综合利用率。

2. 提升企业建设绿色矿山硬实力的措施

由于矿山企业在技术方面的要求很高，国内只有少数的矿山企业拥有这样的实力。鉴于这种情况，一部分业内人士认为，政府、科研院所及大中型矿山企业等应当积极采取措施，促进中国矿山行业的整体进步。具体做法如下。

（1）政府

加大对从事科技创新的矿山企业的政策和资金扶持，提高企业进行科研工作的积极性。

（2）科研院所

科研院所与矿山企业应积极展开合作。一方面，科研院所为矿山企业承担部分科研工作，提高企业的研发能力；另一方面，企业为前者提供资金、设备等支持，提升其科研条件，实现双方共赢。

（3）高校

对大学生采取积极的鼓励措施，特别是具有硕士学位、博士学位或丰富科研经验的大学生，鼓励他们积极从事矿业企业科研工作。这些人才一方面可以进行技术研发，另一方面可以帮助一些经验丰富的老工程师组织和巩固现有成果。

（4）大中型企业

“以先带后”，有能力的企业应与能力不足的企业合作建设试验室、试验场，或派出技术小组对后者进行技术指导。

（二）企业建设绿色矿山的软实力

1. 绿色矿山对企业的软实力的要求

绿色矿山建设不仅考验矿山企业的技术、资金等硬实力，对企业软实力的要求更高，其软件要求包括以下几方面。

（1）依法办矿

企业要严格遵守《矿产资源法》等法律法规，合法经营，办齐证照，遵纪守法，矿产资源开发不仅要符合相关的规划要求和规定，还要符合国家产业政策。

（2）规范管理

企业要积极制订绿色矿山建设计划，并保证该计划切实可行，制定明确的目标，采取适当的措施并明确相关责任。在矿产资源开发利用，环境保护，土地复垦，生态重建，安全生产等方面，要有健全完善的规章制度和保障措施；推广实施企业健康、安全、环保认证和产品质量体系认证，实现科学化、制度化和规范化的矿山管理。

（3）环境保护

应认真落实矿山环境恢复治理保证金制度，切实保护矿区及周边地区的自然环境；制订具有明确目标和适当措施的矿山环境保护和治理恢复计划，矿山地质环境的恢复和治理水平必须明显高于矿产资源规划确定的该地区的平均水平。企业应重视矿山地质灾害防治工作，优化矿区环境，提高绿化覆盖率。

（4）土地复垦

矿山企业开采的各阶段要有切实可行的矿山土地保护和土地复垦方案与措施，并坚持“边开采，边复垦”的规范。土地复垦技术要先进，对矿山压占、损毁还可复垦的土地要做到全面复垦利用，要因地制宜，尽可能将其复垦为耕地或农用地。

（5）社区和谐

矿山企业应履行社会责任，树立良好企业形象。矿山企业在生产过程中应及时调整影响社区生活的作业，防止发生损害公共利益的重大事件，要与当地社区建立磋商协作机制，及时妥善解决各类矛盾，保持社区关系和谐。

（6）企业文化

矿山企业要创建符合企业特点及发展战略目标的企业文化，要拥有一个团结战斗，锐意进取，求真务实的企业领导班子和一支高素质的职工队伍。企业应保证职工文明建设和职工技术培训体系健全，职工物质、体育、文化生活丰富。

这些要求是矿山企业经过努力能够做到的，但是有些方面在具体的实施过程中可能会遇到一些困难问题。矿山企业应坚持“节约资源，保护环境”的原则，积极推进绿色矿山建设；坚持“以人为本”的原则，保障安全生产，积极促进矿山与社区的和谐，主动肩负起为社会谋福利的重任。

2. 提升企业建设绿色矿山软实力的措施

（1）开源节流，保障发展

企业要着力转变矿产资源开发利用方式，把节约放在首位，综合勘查与综合开采，使矿产资源开发利用水平大幅度提高，使保障发展共工作与保护资源工作达到双赢。

（2）合理开发，注重保护

强化矿产资源勘查、开发的统一规划和管理，落实共同责任，各级人民政府与各部门要协作联动，政府，企业各负其责，严格准入条件。合理开发和高效利用资源，最大限度减少资源开发活动对周边地区的环境影响和破坏。推进矿区废弃土地复垦，切实保护矿山地质环境和耕地。发展绿色矿业，促进矿产资源开发工作与环境保护工作相协调。

（3）突出重点，优化布局

按照国家经济社会发展要求及矿产资源赋存特点和开发利用条件，调控和引导矿产资源勘查开发的方向、时序和重点。促进资源优化配置和勘查开发合理布局。落实国家区域发展总体战略，按照相关要求，使资源优势转化为发展优势。

（4）依靠科技，完善机制

完善创新体系，推进矿产资源勘查、开采和综合利用等环节的科技创新与技术进步，将宏观调控与市场配置相结合。建立完善的矿产资源勘查开发管理新机制，规范矿产资源勘查开发秩序，增强矿产资勘查开发的宏观调控能力。

（5）立足国内，扩大合作

统筹考虑我国地质条件和资源基础，加大国内矿产资源勘查开发力度。鼓励和引导国内企业积极参与国际重要矿产资源勘查开发，实现矿业共赢发展。

三、建设绿色矿山的机遇与挑战

中国的矿山企业将会面临众多的机遇和挑战。

第一，国家将加大对绿色矿山建设单位的扶植力度，同时鼓励有实力的企业对行业内资源进行整合，以推动绿色矿山建设。

第二，国家将加大对环保节能企业，特别是勇于进行技术创新，积极探索可持续发展模式企业的鼓励与支持。对于不积极或无能力进行节能减排的企业，国家会勒令其整改，并对其进行技术指导，若整改后仍不达标将对其坚决予以取缔。

第三，国家鼓励高校和科研院所与矿山企业进行人才、技术交流，建立矿业人才储备基地。高校和科研院所要与相关矿山企业合作建立人才基地，帮助企业承担科研项目及定向培养技术人才。

第四，对生活在矿区周边的群众，矿山企业也应该负起责任，广泛开展节能减排活动，改善矿区周围环境及交通运输和水利设施。在生产活动中，如果确实影响了群众的生活，企业应积极予以补偿。以人为本是中国特色绿色矿山建设优势的体现。它强调了“人”在生产中的决定性地位。矿业企业应坚持以人为本的原则，在人、企业与环境之间建立和谐的关系。在绿色矿山的发展过程中，机遇与挑战并存。矿山企业应肩负起建设绿色矿山、促进社会进步的责任，抓住机遇，迎接挑战，为中国的现代化做出贡献，保证中华民族的长远利益。

第三节　废弃矿区再生

一、废弃矿区对生态环境的影响

废弃矿区是指由于矿产资源枯竭或采矿活动停止而废弃的用地及附属设施。废弃矿区包括废弃工业用地、仓储用地、交通用地等。废弃矿区依据矿产资源类型可分为煤炭型、金属型、非金属型、油气型等。其对生态环境的影响如下。

1. 大量土地资源被占用

矿产资源开发会占用大量的土地，一般而言，露天采矿所占用的土地面积约为采矿场的五倍。在采矿选矿过程中会产生大量固体废弃物，其中的尾矿场、废石场（排土场）占用了土地资源，形成了废弃物堆积的裸露地。此外，挖损对土地资源的破坏也是巨大的。露天开采时要将矿产资源上覆盖的土壤包括地表植被全部移走，矿产资源开采后，采掘地易形成裸露的岩石、坑洼地面等消极景观。

2. 环境污染、生态失衡

采矿活动会导致区域性大气污染，尾矿的风扬会导致污染扩散和大气污染，大气沉降则是重金属进入环境的重要途径之一，重金属对环境的影响甚至大于矿山开发。采矿活动会产生矿坑水、选矿废水、冶炼废水及尾矿池水等各类废水，如未经处理或处理不达标就进行排放则会使水体、土壤和地下水受到严重污染。矿山废水中含硫固体废弃物在微生物作用下会迅速氧化产生酸，提高金属的释放速度，因此其对环境影响很大。有色金属废弃矿山堆放有大量重金属含量很高的废弃物，在雨水和风等自然力的作用下，重金属会向周围环境扩散，会污染地下水和土壤，进而通过食物链进入人体内，危害人体健康。采矿活动也会导致生物多样性锐减。采矿活动破坏了原有环境，使得大的生态斑块破碎为小型的斑块，削弱了作为跳板的生态斑块的功能，造成生物迁徙受阻，降低了生物多样性，导致生态失衡。

3. 地质灾害频发

矿山地质灾害主要包括地表塌陷、滑坡和泥石流、边坡不稳定、尾矿库溃坝等。采用井工地下开采时，大量矿产资源被采出后，上部会形成采空区，岩土层的平衡状态被打破，会出现断裂、弯曲、冒落等变形，导致地表大面积塌陷，形成下层盆地。地表塌陷会导致潜水位上升，产生水滞化、盐滞化和裂缝等问题，造成耕地水土流失，作物减产。边坡开挖导致的山体不稳定性及采矿废弃土石堆砌不当都容易导致滑坡和泥石流等地质灾害，矿山排放的松散废渣常放置在山坡或沟谷内，如遇暴雨极易发生泥石流和溃坝。

二、废弃矿区再生模式

（一）恢复型开发模式

恢复型开发模式是指废弃矿区景观资源评估的综合得分处于较低水平，在这类废弃矿区的再生过程中，景观设计要以生态恢复为主要目标，实施最少的人工干预，从而达到区域生态恢复、环境优化的一类再生模式。

复绿模式是常见的恢复型开发模式。复绿模式是指在工程治理的基础上，采取生物措施（主要是植被恢复），对废弃矿区环境进行修复，使污染得到治理、环境得到美化、生态得到恢复，从而使其成为城市绿色基础设施的重要组成部分。它对矿区资源的要求较低，更确切地说，它是一种保护模式而不是一种开发模式，是国内目前矿区再生过程中最基本、最常见、最直接的修复方式。

矿山复绿是一项系统性的工程。从主体上看，其涉及建设方、施工方、政府、镇村、群众等多方利益，如果处理不当，便会影响施工进程；从资金来源上看，矿山复绿主要包括地质环境治理备用金治理模式、矿山自筹资金治理模式、财政项目资金治理模式；从矿山复绿营造技术上看，其分为废弃矿壁绿化技术、采矿平台和坑口迹地绿化技术、艺术景观再造技术三大营造技术；从矿区分区上，其看主要有塌陷区复绿、污染区复绿、占压区复绿及挖损区复绿，不同区域的复绿方式也存在差异。

矿山复绿具有重要的现实意义。

第一，植被具有涵养水源、保持水土、净化空气等作用，通过合理搭配植被，可以有效地降低矿区地质灾害发生的可能性和改善区域生态环境。

第二，复绿可以起到美化环境的作用，最明显的是改变了矿区“青山露白骨”的窘状，创造出青山、绿水、蓝天、白云的景象。

第三，开展矿山复绿工作可以提高矿区和周边居民的生活质量，降低各种呼吸疾病及其他疾病发生的可能性。

第四，复绿也可以带来一定的经济效益，如种植具有经济价值的树种，可为矿区的可持续发展提供一定的资金支持。

（二）初级开发模式

初级开发模式是指废弃矿区景观资源评估综合得分处于中间值，具备较好的开发利用价值，在这类废弃矿区再生过程中，可以适当进行人工开发，从而使区域环境效益、社会效益和经济效益得到统一。常见的初级开发模式有生态用地模式和复垦模式。

1. 生态用地模式

从两个方面来看，废弃矿区具备开发为生态用地的良好条件。一方面，在对矿区进行采矿的过程中，形成了大小不一的矿坑，这些矿坑就成为天然的“蓄水池”；另一方面，采矿活动在进行过程中往往会对地下水位造成破坏，从而使地下水渗透到较低洼的区域形成积水。同时，废弃矿区通常会形成较大的开敞空间，且许多矿区位于城市边缘地带，因此废弃矿区的独特地理位置和内部资源使其适合开发为生态用地。生态用地建设是通过改变废弃矿山的功能来改变土地用途并将其转化为生态用地的过程，这里主要是指将其转化为湿地公园、海绵公园及城市绿色廊道的组成部分。

在国外，特定的历史、土地利用现状、经济发展水平、居民生活需求等条件共同决定了生态用地模式成为常见的废弃矿区再生的方式。在国内，生态用地模式仍处于探索阶段，这是由我国土地资源的稀缺性和经济发展需求所决定的。随着生态文明和可持续发展理念的提出，将废弃矿区改造为生态用地的模式越来越受到人们重视。湿地公园是生态用地的重要类型，是自然环境系统的重要组成部分。

从利用途径的角度来看，湿地系统的用途是非常多样化的，它既可以起到观赏作用，为人们提供游玩和休息的空间，又具有生态涵养的功能，可以为动物和植物提供良好的生存环境。从属性和特征的角度来看，它是一种特殊的生态系统，既不同于陆地生态系统，也不同于水生生态系统，它是具有生物多样性、生态脆弱性、生产高效性等特征的特殊系统。

海绵公园建设借鉴了海绵城市的理念，即充分利用公园大量的绿地、丰富的地形等条件发挥其吸水、渗水、蓄水、储水的功能。一方面，在暴雨季节其可以起到缓解城市内涝、降低城市雨污排水管道压力的作用；另一方面，又可以将雨水储存起来用于公园及周边城市园林绿化浇灌等公共设施服务用水，真正做到“变废为宝”。

废弃矿区在改造过程中，可以借鉴海绵公园的理念，以矿区原有环境为依托、以工程技术和景观设计为支撑、以打造公共开敞空间为目标，将废弃矿区打造为集生态保护、环境美化、休闲娱乐、游憩观赏为一体的海绵公园。

废弃矿区再生为生态用地，真正做到了“因地制宜、变废为宝”，有利于矿区和周边区域生态环境恢复，是生态环境的“优化器”。生态再生后的矿区，可以成为城市廊道的重要组成部分，对于城市的发展具有重要作用。此外，生态用地也是一类独特的旅游资源，可以结合矿区发展生态旅游，实现矿区经济效益、社会效益和环境效益的有机统一。

2. 复垦模式

矿业开采往往会对环境造成严重损伤，尤其是露天开采对地表环境和景观会带来不可逆的破坏，严重时甚至会导致矿区大面积塌陷，进而造成一系列的经济损失。废弃矿区一般会形成较大的开敞空间，占用大量的土地资源。虽然矿区土壤大多数受到污染，土壤肥力和土地生产力严重降低，但是在采取治理措施后，其仍然具备复垦的可能性，且随着城镇化进程加快和城市快速扩张，城市土地资源显得尤其紧缺，废弃矿区土地复垦十分迫切。

在废弃矿区治理过程中，复垦是最常见的治理模式，这是由目前我国土地稀缺、耕地不足、人地矛盾突出等实际情况所决定的。矿区复垦是指在工程措施和生物措施相结合的基础上，对矿区及周边区域遭到破坏的耕地、林地、草地、水域等自然资源进行修复的过程。它主要包括农业复垦，林业复垦，牧业复垦，渔业复垦及农、林、牧、渔的综合复垦，这五大模式在矿区再生过程中可以交织进行，共同形成一个复合的生态系统。

（三）深度开发模式

若废弃矿区景观资源评估综合得分处于较高水平，具备良好的开发利用价值。在这类废弃矿区的再生过程中，可以加大人工开发力度。一方面，可以依据矿区自身资源禀赋，实现供给侧的特色化开发，提供新型的供给资源。另一方面，可以根据周边区域的需求，从需求侧出发进行矿区开发，从而实现矿区与区域协调再生。深度开发模式主要包括主题公园模式、文化产业模式、商业模式三大具体的开发方式。

1. 主题公园模式

资源价值评估较高的废弃矿区通常具有占地规模较大、开采历史悠久、遗迹丰富、文化深厚、特色突出等特点，而且由于矿区运送产品和原材料的需要，交通设施通常较完备。因此，具备建设矿山主题公园的良好条件。废弃矿山主题公园是指以矿区类型、矿区文化背景、矿区开采历史、矿区设施等为主题，形成一个集游憩、游乐、观赏、科普教育、遗产保护开发为一体的主题文化公园。

这种改造模式是基于矿业遗产保护思想提出的，是目前国内正在积极探索的模式，具体的开发形式主要有三类：地质公园、矿山公园和科普公园。其中，矿山公园是对地质公园内涵的补充与扩展。矿山公园是矿山与公园的结合体，它在对矿区环境进行恢复治理的基础上，重点展示矿业生产过程中“探、采、选、冶、加工”等人类活动遗迹的场所。矿山公园从某种意义上讲，是一类特殊的地质公园，其与地质公园最大的区别在于矿山公园突出强调和展示人类在产业领域对地质环境带来的改变，更注重文化遗产保护与传承。

2. 文化产业模式

文化产业模式对原有的历史文化遗存进行了合理保护，延续了地域文脉，促进了废弃矿区文化产业发展。文化产业发展可以给空间注入浓烈的文化气息，从而形成一种高雅的空间，丰富人们的精神世界，使矿业城市在经济转型过程中逐步实现经济、社会、文化的良性循环。科普教育的功能也是文化产业模式最重要的特点，露天博物馆对矿区原真性的保护与再现，使其成为青少年接受环境教育的理想场所。废弃矿区既是一种物质空间，也是一种文化空间，它见证了矿业的兴起、发展与衰败，是矿业文化的重要载体。从历史角度来看，矿区在其发展的同时，也积淀了丰富的文化资源，可以分为物质文化资源和非物质文化资源两大类。物质层面包括矿区开采设备、道路基础设施、厂房、采矿场地等；非物质层面包括矿区企业文化、矿工生活轨迹、矿区历史脉络等。总之，这些文化资源的存在为废弃矿区从文化角度实现再生提供了良好的条件。文化产业模式就是以废弃矿区的各种文化资源为依托，以保护和传承矿业文化为目的、以增强矿区活力为目标的再生模式。

文化产业模式不同于其他的再生模式，它更强调和注重发挥废弃矿区的环境教育价值、历史文化价值和美学价值。文化产业开发模式主要分为两类：创意文化园和露天博物馆，其中创意文化园又包括图书馆、艺术展览馆、艺术家工作室等，而露天博物馆是一种基于遗产保护的再生模式，它真实地展示了原始的露天矿场、采矿设备、基础设施、工人住宅等矿区环境，注重原真性和教育研究功能。除此之外，也可将废弃矿山改造成露天剧院，如法国东南部的城市阿维尼翁，就将废弃的采石场改造成了露天剧院。创意文化园主要是利用废弃矿区的工厂仓库区，经过艺术家的改造将其作为艺术创作的空间，并且发展艺术产业，从而形成一种自发的再生现象。例如，北京原国营 798 厂等电子工业的老厂区废弃后，原址建设成为“798 创意产业园”，吸引了大批艺术家和文化机构进驻，他们成规模地租用和改造空置厂房，使老厂区逐渐发展成为画廊、艺术中心、艺术家工作室、设计公司、餐饮酒吧等的汇聚场所。

3. 商业模式

废弃矿区由于资源的枯竭和矿业的衰败，面临着产业转型的挑战。同时，城市土地严重缺乏，迫切地需要人们根据城市郊区废弃地的现状环境、物理状态等条件对其进行改造利用，增加新的城市建设用地。在此背景下，废弃矿区的商业开发模式应运而生。例如，上海松江国家风景区佘山脚下，有一座深达 80 m 的废弃大坑，该深坑原本是一个采石场，经过几十年的采石，形成一个周长千米、深百米的深坑。世茂酒店就位于这个深坑之中，该酒店结合基地采石坑的特点而建造，配备了水下情景套房、空中花园人工瀑布、蹦极中心、水下餐厅、景观餐厅等场所，其钢结构可抗 9 级地震。

三、城市废弃工矿区土地生态规划技术

（一）城市废弃工矿区土地规划设计策略

1. 规划策略

在对实地进行充分调研的基础上，借鉴国内外成功案例，重新认定塌陷区的资源价值，改变传统的复垦模式，对土地资源进行整体把握和多层次、多元性的利用，针对不同的塌陷区块或地块组，因地制宜，优化资源配置。在对采矿塌陷区进行生态修复的同时，突破行政区划制约，对采矿塌陷区进行统一科学规划，构建环境友好、产业接续、社会和谐的可持续发展新景观。

2. 功能分区

（1）生态农业园区

建设生态农业园区就是以打造观光休闲农业为主题，以生态农业复垦思想为主导，在保留现有的农田和农业的基础上，经过规划设计，景观改造，结合原有乡村的质朴风貌，在不改变或者做很少改变的情况下，发展以农业和农村为载体的新型农业。其规划总体布局可以概括为两轴（水域及农田景观轴和农业生态示范功能轴）、三带（以水产渔业为主的观光带、以耕种复垦农业为主的观光带及以体验休闲度假为主的旅游观光）、四片区（水域渔业区，复垦农业区，综合服务区，农庄体验区）

（2）生态观光农业

生态观光农业以种植花卉为主，在设计上运用欧式园林规划设计的理念及方法，重点突出“种植、博览、交易、观光”四大功能主题，要充分结合地形、地貌、地质的特点，从以人为本的角度出发，充分考虑城市、居民之间的关系，采用“大空间绿化种植、小尺度精品建筑”的设计手法，以及围绕花卉、园艺产业链进行全面规划的指导思想，着重将园区营造成花卉生产和园艺博览基地，由此达到采煤塌陷区生态修复的目标。

（3）生态工业园区

生态工业区以生态现代化理论为设计依据，将工业与现代和生态两种发展要求结合起来，着力打造一个生态、环保、高附加值的现代化工业园。生态工业园用地的功能分区是以三类工业为基础向外发散布置的。其中，三类工业用地被绿化带与其他用地严格隔开，界限明显，同时也限制了三类工业用地对外扩张的趋势；一类工业用地直接与其他城市用地连接，并有继续向外扩展的趋

势；二类工业用地为一类和三类的过渡区。这三种工业用地之间通过绿化带相连或相隔。

（4）商贸物流服务区

商贸物流服务区在设计上运用“人与自然融合”的理念及方法，重点突出“生态、生活、生机”三大主旨，即通过运用生态的手法，对原有采煤塌陷区进行生态修复，并选择合适、合理的修复地块进行城市更新与重塑居民生活，最终达到人与自然环境和谐发展的目的。商贸物流服务区的主要城市功能定位为居住、研发办公、商贸物流三大功能，围绕这三大功能可分别建设居住区、研发办公区商贸区、物流园区及绿地等。

（5）生态湿地

生态湿地规划的理念是通过科学、合理的方法，对原有采煤塌陷区脆弱的生态系统，进行全面修复、维护，并将此区域打造成城市后花园。湿地公园的规划设计过程中，重点考虑了将湿地公园的“生态性、宜居性、科教性、休闲运动性”进行结合。保护区内从大的结构上可划分为生态居住区（预留地）、运动休闲区、湿地核心区三大区域。另外，具有科普宣传、观鸟、展示、教育等功能的景观节点零散分布在这三大区域中，以方便游客、研究者深入湿地每个角落，并减少游客对保护区生态系统产生的干扰。在湿地公园的规划设计中，可以重点选择一些地块规划设计运动休闲片区，这一片区一方面可以完善整个湿地公园的功能，另一方面具有承接市区高档娱乐休闲的作用。

（6）生态住区

废弃矿区已存在的水域和塌陷湿地，自然生态环境良好，属于拥有“后工业时期”自然景观的可建设片区。生态住区的设计目标是打造远离尘嚣而又不脱离城市生活的现代化栖息片区，其可以结合周边水域湿地组成的自然生态景观，最终建成人与自然和谐共处，经济与环境协调发展的现代化生态居住园区。

（二）城市废弃工矿区土地建筑再利用设计技术

我国城市不断扩张、地价不断上涨和人们环保意识逐渐加强，使工业企业纷纷迁往远郊，造成许多工矿土地低效利用或废弃，同时资源持续开采，也形成了众多塌陷区。这些旧工矿区土地丧失了原有功能，从而造成了土地资源浪费。城市废弃工矿区土地再利用可让老工业区获得新生。人们以最经济合理的方式对废弃工矿区进行规划，对失去原有建筑功能的旧工业厂房加以改造，对地基不稳区建筑采取抗变形设计，科学利用塌陷区兴建工业，可以避免资源浪费，其经济、社会和环境效益显著。

城市废弃工矿区应尊重本体建筑的改造设计技术。布置规整、跨度较大的旧厂房，可自由灵活分隔。为实现利益最大化，在尽量尊重本体建筑基础上，不改变主体结构，仅在外墙、屋面、窗户等外围护结构和室内空间划分上进行个性化改造设计，缩短工期，减少造价实现最优化设计。

1. 城市废弃工矿区工业建筑改造方式

将城市废弃工矿区丧失原有功能的单层及多层工业厂房与工业构筑物改为他用，具有以下优势。

①旧工业厂房往往具有高大明亮的室内空间，使其在改造中较少受到结构限制。

②工业厂房因生产需要，其结构承载力一般比民用建筑大，而且坚固耐用。将旧厂房改建为民用时，旧建筑的荷载一般都能够满足使用要求。

③工业生产给水、排水、供电、供气等基础设施的容量，远远高于普通住宅、办公楼或商业服务建筑，充分利用旧厂房现有基础设施，可以节约投资。

2. 城市废弃工矿区建筑结构改造技术

受重载、高温、腐蚀、疲劳、粉尘等因素的长期作用，旧工业建筑会产生老化和损坏。因此，改造时要特别重视对旧工业厂房加固设计，尤其是结构上要加固。以下是混凝土结构加固技术的具体方式。

（1）增大截面配筋加固法

增大截面积配筋加固法是通过增大结构截面积或增加结构配筋率，以提高钢筋混凝土结构的刚度、强度、稳定性的加固方法。虽然这种方式被很多建筑项目采用，但是这种加固方法在施工中如果用来进行梁板底加固，施工难度大，且施工质量也难以保证。虽然这种加固方法的费用不高，但由于某些结构施工条件困难，影响了该技术的应用范围。

（2）体外预应力加固法

体外预应力加固法是在原建筑结构上增加预应力构件，分担原结构上承受的部分荷载，达到降低原结构承受的荷载的方法。在建筑加固工程中，这种方法采用比较多。建筑结构加固时采用体外预应力加固法的效果较好，可较大幅度地提高结构的整体承载能力。

（3）改变结构受力体系加固法

这种加固方法技术的关键是怎样有效降低板、梁结构各控制截面的计算内力。其常用方法：在简支梁、板下，增设支架，用以减小梁板跨径；在相邻简支梁支点区域进行加设连接处理，将简支梁转变为连续梁，可减小跨中计算弯矩；在梁板下增设叠合梁或钢桁架，以分担原结构的内力等。解决相邻梁端负弯矩区的处理技术是改变结构受力体系加固法推广应用的难点。国内虽然有此类加固方法的工程实例，由于其施工改造时加固效果受负弯矩区施工质量的影响较大，使现阶段单独采用改变结构受力体系加固法的工程项目极少。

（4）碳纤维布加固法

碳纤维布加固混凝土结构技术可以尽可能小地改变原有混凝土结构的应力分布状态，能保证在设计荷载范围内加固材料与原结构形成一个整体共同受力。

参考文献

[1] 王少枋，李贤. 循环经济理论与实务［M］. 北京：中国经济出版社，2014.

[2] 李珂. 发展循环经济理论、政策与实践研究——以甘肃省为视角［M］. 北京：中国政法大学出版社，2013.

[3] 袁学良，张凯，马春元. 煤炭行业循环经济发展理论与应用［M］. 济南：山东大学出版社，2010.

[4] 王运敏. 金属矿山露天转地下开采理论与实践［M］. 北京：冶金工业出版社，2015.

[5] 李金惠，曾现来，刘丽丽，等. 循环经济发展脉络［M］. 北京：中国环境出版社，2017.

[6] 闫敏. 循环经济国际比较研究［M］. 长春：吉林出版集团股份有限公司，2016.

[7] 伍世安，等. 循环经济的经济学基础探析［M］. 上海：复旦大学出版社，2015.

[8] 闫军印，等. 基于循环经济的矿产资源产业链技术发展路径研究［M］. 北京：经济科学出版社，2015.

[9] 宋华岭，李春蕾，谭梅. 煤矿循环经济复杂系统评价与实证研究［M］. 成都：西南交通大学出版社，2015.

[10] 宋晓倩. 煤炭矿区循环经济系统的复杂网络模型与表征［M］. 北京：经济管理出版社，2014.

[11] 张宏伟. 煤矿绿色开采技术［M］. 徐州：中国矿业大学出版社，2015.

[12] 赵永红，周丹，余水静，等. 有色金属矿山重金属污染控制与生态修复［M］. 北京：冶金工业出版社，2014.

[13] 董霁红，房阿曼，戴文婷，等. 矿区复垦土壤重金属光谱解析与迁移特征研究［M］. 徐州：中国矿业大学出版社，2018.

[14]李晋云. 我国矿区循环经济技术发展研究[J]. 山西煤炭，2015(03).

[15]李建强，高飞，张小红. 黑与白的嬗变——神华准格尔矿区煤炭伴生资源循环经济产业项目综述[J]. 中国有色金属，2018(10).

[16]刘震，姚庆国. 煤炭矿区循环经济战略目标合理性判别方法研究——基于投入产出模型[J]. 山东科技大学学报(社会科学版)，2017(02).

[17]于斌. 煤炭工业循环经济及园区发展模式分析[J]. 煤炭科学技术，2010(12).